育てて
楽しむ
はじめての
ハーブ

GOOD HERB
GOOD LIFE

ハーブがあると、楽しい。

ひとつは、育てる楽しさ。
ハーブは雑草のような強さを持ち、
日々、生長を感じられる植物。
毎日の水やりの時間にも、
葉が放つ香りや、小さな花に癒やされます。
育てるのに特別な世話は必要なく、
大切なのは、環境に合った育て方を
見つけてあげることです。

そして一番は、収穫の楽しさ。
苗を手に入れたら、比較的すぐに収穫できるのが、
ハーブのいいところ。
その日、使う分だけ収穫したハーブは、
ハーブティーにしたり、料理に使ったり。
たくさん収穫したら、
乾燥させてドライハーブとして使うほか、
入浴剤にして香りを楽しむのもひとつ。

このように、
簡単に育てられて、利用法もさまざまなハーブは
「植物を育てる楽しさ」を体感する
最初のアイテムとしてぴったり。
もし枯れてしまったとしても、
生育環境を考えてまた育てればいいやと
思うくらいの気持ちで
ハーブのある生活を楽しんでください。

CONTENTS

- 6　本書の使い方
- 7　ハーブを収穫したら、こんな風に楽しめます

一年草
- 8　バジル
- 12　recipe―じゃがいもといんげんのジェノベーゼ
- 13　　　　　バジルと白ワインのグラニテ
- 14　　　　　鶏肉のバジル炒めごはん

- 16　イタリアンパセリ
- 19　recipe―ガーリックパセリバターのトースト
- 20　　　　　シーフードのマリネ
- 21　　　　　ボンゴレ・ビアンコ

- 22　カモミール
- 25　recipe―カモミールのハーブティー

- 26　ディル
- 29　recipe―サーモンスープ
- 30　　　　　新じゃがのディル蒸し
- 31　　　　　ゆでアスパラガス　ディルマヨネーズ

- 32　コリアンダー
- 35　recipe―豆腐とコリアンダーの和え物
- 36　　　　　タイ風春雨サラダ
- 37　　　　　コリアンダーサラダ　フルーツ添え

- 38　青じそ
- 42　recipe―青じその塩漬け　梅きゅうり巻き
- 42　　　　　しその実のみそ漬けごはん
- 43　　　　　大根と青じそのサラダ
- 44　　　　　和風ガーリックステーキライス

多年草
- 46　ミント
- 50　recipe―皮つきももとフレッシュチーズのミントマリネ
- 51　　　　　フレッシュミントのモヒート
- 52　　　　　ミントとレモングラスのチャイ
- 52　　　　　ミント氷
- 53　　　　　ミントのアイスボウル

- 54 **レモングラス**
- 58 recipe—牛肉とレモングラスのエスニックサラダ
- 59 　　　　レモングラスごはん
- 60 　　　　鶏肉とレモングラスのスパイスオイル煮

- 62 **オレガノ**
- 65 recipe—ゆで豆のオレガノオイル
- 66 　　　　トマトソースパスタ　オレガノ風味

- 68 **セージ**
- 71 recipe—サルシッチャ（皮なし焼きソーセージ）
- 72 　　　　とうもろこしのセージバター
- 73 　　　　セージ入りスクランブルエッグ

- 74 **フェンネル**
- 77 recipe—フェンネルとオレンジのサラダ
- 78 　　　　いわしとフェンネルのパスタ

- 80 **レモンバーム**
- 83 recipe—レモンバーム紅茶

🌳 **常緑低木**
- 84 **ラベンダー**
- 88 recipe—ラベンダーのブールドネージュ

- 90 **タイム**
- 93 recipe—ポークビーンズ煮込み
- 94 　　　　いさきのハーブグリル

- 96 **ローズマリー**
- 99 recipe—ローズマリーポテト
- 100 　　　　チキンのローズマリートマト煮込み
- 101 　　　　ローズマリーフォカッチャ

🌳 **常緑高木**
- 102 **ローリエ**
- 105 recipe—めかじきとローリエのブロシェット
- 106 　　　　ミートパイ
- 107 　　　　ポトフ

- 122 **ハーブ栽培の基本**

もっとハーブを楽しむ
- 108 フレッシュハーブを生ける
- 110 ドライハーブを飾る
- 112 ハーブティーをいれる
- 114 料理に使う（ハーブミックスをつくる）
- 116 香りで癒やされる
- 118 贈り物に添える
- 120 ハーブの花いろいろ

本書の使い方

ハーブの育て方がよくわかる

本書では、生活に幅広く役立つハーブ16種類を厳選し、それぞれの栽培のポイントをまとめました。日々の世話から、収穫方法、増やし方まで、育て方のコツが記載されています。年間の作業の流れがひと目でわかる栽培カレンダーも入っています。

ハーブを使ったレシピが満載

収穫したハーブを使って簡単につくれる料理のレシピを紹介しています。それぞれのハーブの特徴を生かしたレシピは、ふだんの食事に使えるものばかり。料理以外にも、部屋に飾るアイディア、香りを楽しむ方法などを紹介したページ（p.108〜）も。

栽培の基本ページも参考に

ハーブの基本知識から、植えつけ、剪定、挿し木、株分け、種まきの方法まで、ハーブ全般に関わる基本情報を巻末（p.122〜）にまとめています。基本を押さえた上で、個々のハーブの栽培法のページを読むと、より理解が深まります。

本書について

- ハーブは薬効成分を持つため、体調がすぐれないとき、妊娠中や何らかの症状があるときは、利用を控えたほうがよい場合もあります。体調に異変が生じたときは、必ず医師・薬剤師に相談してください。
- ハーブを育てる気候や環境により生育状況が変わるので、書いてある栽培法の通りにいかないこともあります。あくまでも目安として考え、植物に合わせた育て方を心がけてください。栽培については、東京都を基準に記載しています。
- 大さじ1は15ml、小さじ1は5ml、1カップは200mlです。
- 電子レンジやオーブンなどの器具は機種により差がありますので、レシピに記載した加熱時間を目安に、様子をみながら加減してください。
- レシピで使う塩は精製していない塩を、オリーブ油はエキストラバージンオリーブ油を使うのがおすすめです。

ハーブを収穫したら、こんな風に楽しめます

料理に使って ハーブの使い道として最も幅広いのが料理。ふだんの献立に気軽に取り入れられます。

ドリンクにして フレッシュやドライの葉でハーブティーにするほか、モヒートなどのカクテルにも。

花器に生けて

生花やドライのハーブで部屋を飾って。

贈り物に添えて

ハーブを使ってラッピング上手に。

入浴剤にして

大量に収穫したら贅沢にハーブ風呂に。

- 分類／一年草、非耐寒性
- 学名／*Ocimum basilicum*
- 科名／シソ科
- その他の呼び方／バジリコ、メボウキ
- 草丈／20〜80cm
- 増やし方／挿し木、種まき

basic data

爽快な香りと、ぷっくりした丸い葉が愛らしい
イタリア料理やアジア料理には欠かせないハーブ。
春先に植えた苗が夏の間にぐんぐん生長し、秋まで育てられます。
生育が旺盛で、大量に収穫できることもあって
最初に育てるハーブとして、初心者にも人気。
毎年、苗を買って育てるのもよいですが、
簡単に発芽するので、種をまいてみるのも楽しいです。

栽培カレンダー

	1月	2月	3月	4月	5月	6月	7月	8月	9月	10月	11月	12月
苗の植えつけ				■	■							
収穫					■	■	■	■	■	■	■	
剪定					■	■	■	■	■	■	■	
植え替え					■	■	■	■				
挿し木					ベストシーズン		■	■	■	■		
種まき					ベストシーズン							

育て方のコツ

- 日当たりがよく暖かいところで、水切れを起こさないように育てます。よく日に当たったほうが元気に育ち、香りも強くなりますが、日差しが強い夏ごろからは、葉が硬くなってきます。夏は遮光するか日陰で育てると、いくらか柔らかい葉が収穫できます。

- たまにヨトウムシなどのイモムシ類が出ることがあります。葉が食害されているときは糞が落ちています。ヨトウムシは、夜に活動して昼間は土の中にいるため、朝晩に見つけて駆除します。また、風通しが悪いとハダニが出て、葉の裏が白っぽく食害されることがあります。

収穫(摘芯)のポイント

摘芯をかねて収穫します。株が小さいうちに先端の芽を摘んで摘芯すると、わき芽が出て枝数が増します。その後も、節の上(葉の上の茎の部分)で切りながら収穫していくと、枝分かれして、形よい株に育ちます。

> 先端の若芽を摘芯すると、節のところからわき芽が出て、枝分かれする。

剪定する

7月ごろになると花芽がつき始めます。花が咲くと葉が硬くなるので、花芽が出てきたらカットしながら育てると、長い間、柔らかい葉を収穫できます。夏になって大きく育ってきたら、葉を2〜3枚残して根元あたりから切り込んでもよいですが、一度に刈り込まず、間引くように剪定すると育ちがよく、蒸れも解消します。冬越しはできないので、夏に収穫しきって楽しみます。

> 花がつくと、栄養分が花のほうにいってしまうため、葉を楽しみたい場合はカット。

> 葉を上部に4枚くらい残して水に浸ける。

挿し木で増やす →p.127

葉の生育期間中は、挿し木で簡単に増やせます。葉を4〜6枚残して、節の上で切ります。水を入れたコップに挿しておくと、暖かい時期は発根します。発根を確認してから培養土に植えると根づきやすいです。

> 1〜2週間ほどで根が出てくるので、土に植える。

種まきで育てる → p.126

夏から秋ごろになると、花芽がつきやすくなり、葉は小さく、硬くなってきます。そうなったら、花を楽しみ、種を採るのを目的に育ててもよいでしょう。バジルは、ハーブの中でも発芽しやすいのでおすすめ。本葉が4枚くらい出てきたら、ひとつひとつを移植すると、それぞれ大きな株に育ちます。柔らかい若芽をサラダに散らしてもおいしいです。

バジルの種は黒くて小さいが、水を含むとこのようにゼリー状にふくらむ。

芽が出た状態。もう少し大きくなって本葉が出たら植え替えのタイミング。

株が大きくなって、葉を大量に収穫したらつくりたいバジルペースト。

いろいろな楽しみ方

ハーブの中でも、特に料理に幅広く使えます。煮込むと香りが飛ぶので、なるべく生のまま使います。イタリア料理なら、トマト、モッツァレラチーズ、バジルでカプレーゼにしたり、サラダに入れたり。トマトソースパスタやピザのトッピングに。アジア料理なら、鶏肉のバジル炒めごはん(p.14)や、生春巻きに。また、大量に収穫したらつくりたいのが、バジルペースト(p.12)。冷凍保存もできるので、多めにつくっておけば、収穫時期を過ぎても楽しめます。

材料（2〜3人分）
バジルペースト（つくりやすい分量）
- バジルの葉 …… 50g
- 松の実（またはくるみ）…… 20g
- にんにく …… 小1片
- オリーブ油 …… 約150ml
- 塩 …… 小さじ½

じゃがいも …… 2個
さやいんげん …… 6〜8本
ゆで卵 …… 2個
パルミジャーノチーズ（すりおろし）
　…… 適量
塩 …… 少々

つくり方

1 **バジルペースト**をつくる。材料すべてをミキサーに入れて撹拌する。混ざりきらない場合はオリーブ油（分量外）を少量ずつ加える。

2 じゃがいもは皮つきのまま蒸し器で20〜25分、竹串が通るまで蒸す。途中、さやいんげんを入れて1分ほど蒸す。

3 じゃがいもは熱いうちに皮をむき、ゆで卵とともにフォークで食べやすい大きさに割る。さやいんげんは3〜4等分に切る。

4 **3**を器に盛り合わせ、**1**を適量かけ、チーズ、塩をふる。

◎バジルペーストは1回に使う分量ごとビン詰めにして冷凍しておくと便利。

じゃがいもといんげんのジェノベーゼ
バジルペーストは、マカロニサラダやジェノベーゼ・パスタなど、あれこれ使えます。

材料（つくりやすい分量）
白ワイン …… 200ml
グラニュー糖 …… 50g
バジルの葉 …… 15g

つくり方

1 水100mlと白ワインを鍋に入れて火にかけ、煮立ったらグラニュー糖を入れ、溶けたら火を消して冷ます。

2 バジルの葉をせん切りにして1に混ぜ、保存容器に入れて冷凍庫で凍らせる。

3 凍ったらフォークなどで割ってフードプロセッサーで攪拌し、なめらかになったら、再度保存容器に入れて冷凍する。

4 器に盛り、バジルの葉（分量外）を飾る。

バジルと白ワインのグラニテ

葉が柔らかい初夏につくるのがおすすめ。爽やかな香りで口の中がスッキリします。

材料（2人分）
鶏ひき肉 …… 150g
パプリカ（赤・黄）…… 各¼個
玉ねぎ …… 大¼個
卵 …… 2個
にんにく（みじん切り）…… 1片分
赤唐辛子（へたと種を除き、ちぎる）…… 1〜2本
バジルの葉 …… 2枝分
A｜ナンプラー …… 大さじ1½
　｜オイスターソース …… 大さじ1
粗びき黒こしょう …… 少々
サラダ油 …… 適量
温かいごはん …… 2膳分

つくり方
1　パプリカは薄切りに、玉ねぎは1cm幅のくし形切りにする。

2　フライパンにサラダ油大さじ2〜3を入れて中火にかけ、油がぬるいうちに卵を割り入れ、半熟になったら取り出す。

3　2のフライパンに油少々を足して火にかけ、鶏ひき肉を入れてへらで肉を薄く広げ、大きめのかたまりをつくるようにして軽くほぐし、焼き色がつくまで焼く。

4　玉ねぎ、にんにく、唐辛子を加えて炒め、玉ねぎが透き通ってきたらパプリカを加えて炒める。Aを加え、水分を飛ばしながら炒めて火を止め、バジルの葉をさっと混ぜ合わせる。

5　器にごはんと4を盛り、2をのせる。黒こしょうをふり、バジルの葉（分量外）を添える。

鶏肉のバジル炒めごはん
タイの屋台料理の定番。カリッと焼いた卵とごはんをよく混ぜていただきます。

basic data

- 分類／一〜二年草、半耐寒性
- 学名／*Petroselinum crispum*
- 科名／セリ科
- 草丈／20〜40cm
- 増やし方／種まき

カール状のパセリよりも香りが穏やかで、葉が柔らかく、
育てるのもラクチン。一年中収穫できるので、
使いたいときにすぐ、鉢から切って使えるように、
日当たりのよいキッチンに置いておくのもおすすめです。
イタリア料理全般に使えるこのハーブは
清涼感のある香りで、特に魚介類の味を引き立てます。
種類によって葉の形や香りが違うので、好みの苗を見つけて。

栽培カレンダー

	1月	2月	3月	4月	5月	6月	7月	8月	9月	10月	11月	12月
苗の植えつけ				■	■							
収穫	━	━	━	━	━	━	━	━	━	━	━	━
植え替え			■	■					■	■		
種まき			■	■	■				■	■		

育て方のコツ

- 日当たりがよく、風通しのよいところで育てます。高温には弱いので、真夏は涼しいところへ置くとよいでしょう。水枯れには気をつけますが、水をやりすぎると根ぐされを起こしやすいです。

- 苗は中心から勢いよく芽が出ているものを選びます。苗を植え替えるときは、根鉢を崩さず、傷めないようにしましょう。夏と冬を避け、ひと回り大きい鉢に植え替えます。宿根草ではありませんが、夏越し、冬越しができ、株が老化するまで1〜2年間育てられます。

- アブラムシやキアゲハの幼虫がつきやすいです。アブラムシは手で軽くしごいて駆除します。

収穫後、残った茎が黄色く枯れてきたら、手で簡単に取り除ける。

収穫のポイント

周年収穫できますが、葉は常に7、8枚残しておきます。葉が少なすぎると光合成ができず、生長が遅くなります。収穫するときは茎を少し残して根元あたりを切りますが、手で引っ張ると株ごと抜けてしまう恐れもあるので、はさみで切るほうがよいでしょう。

葉が傷んでしまっても、しばらくして新芽がたくさん出てくることがあります。中心から芽が出てくるので、外側の葉は硬く、中のほうが柔らかいです。外側の葉が硬くならないうちに収穫します。

花が咲いたら

花は、育てる環境によって咲く時期が異なりますが、葉を利用したいので、基本的には花に栄養がいかないよう、花芽が出たら取り除きます。ただし、こぼれ種で育つほど生育旺盛なので、あえて花を咲かせて種を採るのもよいでしょう。

ディルやフェンネルと咲き方は似ているが、中でも繊細な花をつける。

畑で育てると生育が旺盛になり、丈も長くなる。

いろいろな楽しみ方

西洋料理全般でよく使うハーブで、爽やかな香りを薬味として使います。ボンゴレ・ビアンコ (p.21) やミートソースパスタ、クラムチャウダーにたっぷり入れたり、オリーブ油をベースにしたドレッシングに加えたり。グリーンスムージーに入れてもおいしいです。たくさん収穫したら、ガーリックパセリバター (p.19) をつくっておくと、冷凍保存もできるのでおすすめ。バジルペースト (p.12) にプラスしてもよいでしょう。

材料
ガーリックパセリバター（つくりやすい分量）
- バター …… 200g
- にんにく（みじん切り）…… 大2片分
- イタリアンパセリ（みじん切り）…… 20g

バゲット（バタール）…… 適量
粗塩 …… 適量

＊ガーリックパセリバターは、保存容器に入れて表面をぴったりラップで覆い、冷蔵庫で10日ほど保存可能。冷凍の場合は、細長い円柱形にしてラップに包んで冷凍庫へ。使うときに使う分だけ切る。2〜3か月保存可能。

つくり方
1 **ガーリックパセリバター**をつくる。室温で柔らかくしたバターに、にんにく、イタリアンパセリを混ぜる。
2 バゲットを横半分に切り、**1**の適量をたっぷり塗ってオーブントースターでこんがりするまで焼き、粗塩をふる。

ガーリックパセリバターのトースト
ガーリックパセリバターは、ボンゴレ・ビアンコやバターピラフ、鶏肉のソテーにも。

材料（2〜3人分）

<u>えび</u>（ブラックタイガーなど）…… 6〜8尾
<u>たこ</u>（蒸し）…… 80g
<u>玉ねぎ</u>…… ¼個
<u>セロリ</u>…… ¼本
<u>イタリアンパセリ</u>（みじん切り）…… 大さじ1
A ｜ オリーブ油 …… 大さじ2〜3
　 ｜ 白ワインビネガー …… 大さじ1〜2
　 ｜ 塩 …… 小さじ⅓〜½
　 ｜ ケッパー …… 大さじ1
<u>オリーブ</u>（グリーン）…… 6〜9粒

つくり方

1　えびは殻つきのまま背わたを取り、塩（分量外）を入れた熱湯でゆでて殻をむき、大きければ半分に切る。たこは3mm厚さに切る。

2　玉ねぎはごく薄切りにし、水にさらして水けを拭く。セロリは5mm幅の小口切りにする。

3　1、2、A、イタリアンパセリを和える。器に盛り、オリーブをのせ、あればイタリアンパセリの花を飾る。

シーフードのマリネ

イタリアンパセリの香りと魚介との相性は抜群。塩、オイル、ビネガーでシンプルに。

材料(2人分)

- あさり(砂抜きしたもの) …… 約350g
- イタリアンパセリ …… 4〜5本
- スパゲッティ …… 160g
- にんにく(みじん切り) …… 1片分
- 赤唐辛子(ヘタと種を除き、ちぎる) …… 1本
- 塩 …… 適量
- 白ワイン …… 60ml
- オリーブ油 …… 大さじ2

つくり方

1. あさりは殻をこすり合わせて洗う。イタリアンパセリは葉を摘んで粗みじん切りにする。
2. 熱湯に塩を加え、パスタを袋の表示より少し短めにゆでる(ゆで汁は少しとっておく)。
3. フライパンにオリーブ油とにんにくを入れ、弱火にかける。にんにくが色づいてきたら赤唐辛子を入れ、あさりと白ワインを加えてふたをし、強火で1〜2分、あさりの口が開くまで蒸す。
4. 3に2とゆで汁を適宜加えて絡め、水分が飛んだらイタリアンパセリを加えてさっと和える。塩気はゆで汁やあさりの塩分で十分だが、足りなければ塩を補う。

ボンゴレ・ビアンコ

イタリアンパセリは加熱しすぎると風味が飛ぶので、最後にさっと混ぜ合わせます。

- 分類／一年草・非耐暑性
- 学名／*Matricaria recutita*
- 科名／キク科
- その他の呼び方／カモマイル、カモミーユ、カミツレ
- 草丈／20〜60cm
- 増やし方／種まき

basic data

青りんごのような爽やかな甘い香りで、だれもが癒やされるハーブ。
風邪の時にカモミールティーを飲むと、ぽかぽかしてきます。
ローマン、ダイヤーズなど種類もいろいろありますが、
ここで取り上げるジャーマンカモミールが使いやすいです。
キク科のカモミールは集合花といって、白い部分も黄色い部分も
そのひとつひとつが花。ひとつの花に見えるものは
じつはたくさんの花でできており、その多くが種になります。

栽培カレンダー

	1月	2月	3月	4月	5月	6月	7月	8月	9月	10月	11月	12月
苗の植えつけ		■	■									
収穫（花）				■	■	■						
種まき	■									■	■（ベストシーズン）	

育て方のコツ

- 日当たりがよく、風通しのよい場所で育てます。水は土の表面が乾いてきたらやります。
- 苗は葉のふちが変色しているものは避け、花がついていないものを選びます。移植を嫌うので、株が小さいうちに済ませるか、根を傷めないようにします。植え替えしないで済むように、始めから大きめの鉢に植えつけます。
- 花は5月をピークにだんだん小さくなり、7月には枯れてくるので、剪定はほとんどしません。暖かくなるとアブラムシ、ハダニがつきやすくなりますが、駆除を考えるより、虫がつく前に収穫を終えるつもりで育てましょう。

花をつぶさないように、指ではさんで引き上げる。

✂ 収穫のポイント

ハーブティーにするには、花の部分だけを収穫します。中央の黄色い部分がふくらんできて、白い花びらがそり返ってきたらベストなタイミング。ひとさし指と中指で挟んでそっと引っ張ります。色が変わっていなければ、黄色い部分がばらばらと崩れるものも使えます。

🪏 種まきで育てる → p.126

簡単に発芽するので、翌年以降は種をまいて育てるのもよいでしょう。放っておくとこぼれ種で発芽して、雑草化するほどです。秋に種をまきますが、冬に雪などで葉がしもやけを起こすと生育が悪くなります。基本的には、雪の下でもぴんぴんしているくらい寒さには強いですが、冷たい風の吹くところでは枯れてしまうことがあります。新聞紙1枚でも風を防げれば越冬できます。春になり暖かくなると花が咲きます。種から育てるときも、植え替えしなくて済むように、直まきしたところから間引いていき、同じ場所で育てます。

カモミール、ミント、レモンバームを合わせてハーブティーに。

🫖 いろいろな楽しみ方

カモミールの甘い香りは、ハーブティーで最も生かされます。カモミールだけでもよいですし、ミントやレモンバームなどの爽やかなハーブと組み合わせたり（p.25）、ミルクとの相性もよいので、チャイに加えたりするのもおすすめです。たくさん収穫してドライにしたものでも、ハーブティーを楽しめます。また、茎ごとドライにして飾っても。余ったら、お茶パックに入れて煮出し、入浴剤にしてもよいでしょう。

ドライにしておくと、いつでもハーブティーを楽しめる。

カモミールのハーブティー

収穫したてのカモミールで飲むハーブティーは最高。春ならではの贅沢な楽しみ方です。

材料（2〜3杯分）
カモミールの花 …… 20〜30個
レモンバーム …… 1〜2枝
スペアミント …… 1〜2枝

つくり方
ティーポット（中が見える耐熱ガラス製がおすすめ）にカモミールの花、レモンバーム、スペアミントを入れ（ポットに半分くらいを目安に）、熱湯を2〜3杯分注ぎ、ふたをして4〜5分蒸らしてからティーカップに注ぐ。

◎カモミールに合わせるハーブは、レモングラスやレモンバーベナでもおいしい。カモミール＋1種類のハーブ、もしくはカモミールだけでも。

デイル
Dill

basic data

・分類／一年草・非耐暑性
・学名／*Anethum graveolens*
・科名／セリ科
・その他の呼び方／イノンド
・草丈／50〜100cm
・増やし方／種まき

葉の様子も花の感じもフェンネルに似ていますが、フェンネルよりも線が細く、香りや味わいも繊細。サーモンやじゃがいもを使った北欧料理によく合います。春植えと秋植えのどちらでも育てられますが、フェンネルと違って、ディルは夏越ししにくいので秋植えのほうが長く楽しめます。花を生けたり、ドライにした種を飾ったりするのも素敵。

栽培カレンダー

	1月	2月	3月	4月	5月	6月	7月	8月	9月	10月	11月	12月
苗の植えつけ			🟩	🟩					🟩	🟩		
収穫			🟨	🟨	🟨	🟨	🟨	🟨	🟨	🟨	🟨	
種まき			🟫	🟫	🟫				🟫	🟫		

育て方のコツ

🌱 日当たりのよい場所を選び、水もちのよい土に植えます。

🌱 苗は葉の色がきれいなものを選びます。根が傷みやすいので、根を崩さずに植えつけ、植え替えはなるべくしないようにします。思いのほか、背が高くなるので、最初から大きくて深めの鉢に植えるとよいでしょう。

🌱 害虫はカメムシやキアゲハの幼虫がつきやすく、見つけたら取り除きます。

🌱 暑さには弱く、種をつける7月ごろに枯れてしまいます。春植えだと、育ち始めてから枯れるまでが短いので、秋に植えて翌年の夏前まで楽しむほうがおすすめです。

収穫のポイント

小さいうちに葉を取ると生育が衰えるので、いくらか大きな株になってから収穫します。収穫する時は、葉先をちぎっても、葉の元の茎を切ってもかまいません。花が咲く前につぼみを取り除くと、いくらか長く葉の収穫を楽しめます。

柔らかい葉は
手でちぎって収穫できる。

種を収穫する

夏が近づくにつれ、だんだん葉が硬くなってくるので、初夏の葉のおいしい時期を越えたら、種用に育てます。種も収穫して、スパイスとして利用できます。夏には枯れてしまうので、切り戻さずに栽培し、9月ごろ、暑さがひと段落したら、収穫した種をまいて育てます。

種は乾燥させて
料理に活用するほか、
部屋のインテリアにしても。

いろいろな楽しみ方

サーモンなどの魚介やじゃがいもとの相性は抜群。じゃがいもとスモークサーモン、クリームチーズ、ディルを和えたり、サワークリームやマヨネーズとディルを和えたディップを、蒸した魚介や野菜につけて食べたり。カルパッチョやサラダのトッピング、またオリーブ油やビネガーに入れて香りづけにも。花や種を入れてきゅうりのピクルスをつくるのはヨーロッパでは定番。清涼感がある種は、カレーなどのスパイス料理にも使えます。

ピクルスにディルの花を入れると
風味がよく、見た目にもきれい。

材料（4人分）

- 生鮭（切り身）……2切れ
- じゃがいも……2個
- 玉ねぎ……大½個
- セロリ……½本
- ディル……3〜4枝
- ローリエ……1枚
- 白ワイン……¼カップ
- 塩……小さじ½
- オリーブ油……大さじ1
- サワークリーム……適量

つくり方

1. 鮭は塩（分量外）を強めにふって冷蔵庫で20分、できれば1時間以上おき、3〜4等分に切る。
2. じゃがいもは皮をむき、2cm角に切る（水にさらさない）。玉ねぎは1.5cm角に切り、セロリは1.5cm幅の小口切りにする。
3. ディルは茎と葉に分け、葉はざく切りにする。
4. 鍋にオリーブ油を中火で熱し、2を入れて炒め、玉ねぎが透き通ったら、1、ローリエ、白ワインを加え、ふたをして2分ほど蒸し煮にする。水4カップとディルの茎、塩を加え、煮立ったら弱火にして20分ほど煮る。
5. 器に盛り（ディルの茎は取り除く）、ディルの葉とサワークリームをのせ、なじませながら食べる。

サーモンスープ

ディルの茎は煮込んで風味をつけます。サワークリームを溶かすとさっぱりクリーム味に。

新じゃがのディル蒸し

蒸して香りをつけるので、硬い茎の部分で十分。量は好きなだけ、たっぷり入れても。

材料（4人分）
新じゃがいも …… 小8〜12個
ディル …… 3〜4枝
バター・粗塩 …… 各適量

つくり方

1　ディルは茎と葉に分け、葉はざく切りにする。

2　新じゃがいもは皮つきのまま厚手の鍋に入れ、ディルの茎を散らして水を50mlほど入れる。ふたをして火にかけ、煮立ったら火を弱めて15〜20分、蒸し煮にする。

3　熱いうちにバターとディルの葉をのせ、粗塩をふって食べる。

◎p.31のディルマヨネーズをつけてもおいしい。

ゆでアスパラガス　ディルマヨネーズ

市販のマヨネーズにディルを入れてもよいですが、手づくりは格段においしいです。

材料（2人分）

ディルマヨネーズ
（つくりやすい分量）

- ディルの葉 …… 3〜4g
- 卵 …… 1個
- 酢 …… 小さじ1/3
- 塩 …… 小さじ2
- 油* …… 200ml

アスパラガス …… 8本

つくり方

1　ディルマヨネーズをつくる。ボウルに卵、酢、塩を入れて泡立て器で白っぽくなるまで混ぜ合わせる。** 油をほんの少量加えては、乳化するまで混ぜることを数回繰り返す。ぽってりとしてきたら、油の量を増やしながら、その都度しっかりと混ぜる。途中、細かく刻んだディルの葉を混ぜ合わせる。

2　アスパラガスをゆでて皿に盛り、1を添える。ディルの花があれば添える。

*油は米油、なたね油などくせがないものをベースにして、香りが強いオリーブ油などを合わせるのがおすすめ（いずれか1種類でも可）。
**ハンディミキサーで手軽につくることもできる。日もちは冷蔵庫で3〜4日ほど。

basic data

- 分類／一年草・非耐暑性
- 学名／*Coriandrum sativum*
- 科名／セリ科
- その他の呼び方／香菜、パクチー、コエンドロ、シラントロ
- 草丈／15〜30cm
- 増やし方／種まき

東南アジアの料理に使われることが多いので
真夏のイメージが強いコリアンダーですが、
意外と暑さに弱く、夏越しはできません。
秋に種をまくか苗を植えて、冬に防寒すると
長く楽しめます。初夏には白くてかわいらしい花が咲き
これも料理に使うことができるほか、
種ができたら、スパイスとしても活用できます。

栽培カレンダー

	1月	2月	3月	4月	5月	6月	7月	8月	9月	10月	11月	12月
苗の植えつけ			■	■					■	■		
収穫			■	■	■	■	■	■	■	■	■	
種まき			■	■					■	■		

育て方のコツ

- 湿り気の多い土やきめの細かい培養土が向いており、日当たりがよい場所で、水切れしないように育てます。
- 苗は、葉が赤くなっているものもありますが、新芽が元気なものは問題ありません。根を崩さないように、傷めないように植えつけ、その後、植え替えはなるべくしません。
- アブラムシがつきやすいので、葉の裏の確認をして、見つけたら手で軽くしごいて取り除きます。たまにキアゲハの幼虫がつくことがあります。
- 花芽が伸びてきたら、葉は硬くなってしまいます。葉の切れ込みが細かくなってきたら花芽がつき始めます。

✂ 収穫のポイント

葉が茂ってきたら、葉を少し残して根元あたりを切ります。充実した葉ならどこを収穫しても大丈夫ですが、葉が少なすぎると光合成ができず生長が遅くなるので、常に7〜8枚の葉を残すようにします。

> 柔らかい葉はサラダに入れるなど生で食べるとおいしい。

🌿 花や実を収穫する

花が咲くと葉が硬くなってくるので、葉を楽しむなら花芽はカットし、咲き始めの花はサラダなどの料理に使います。コリアンダーは、根も、若い実も、熟した種も食べられるので、夏が近づき、花芽がどんどん伸びてきたら、種を採ることを目的に育てます。

> 緑色の若い実は、酢漬けにするとよい。

🔨 種まきで育てる → p.126

夏になると、種がついて枯れてくるので、穂ごと取って乾燥させます。9月ごろに種をまき、軽く防寒して越冬させると、翌春から収穫できます。種はひと粒に2個入っており、割って1個ずつまいたほうが水をよく吸いますが、粒ごとまいて2つ芽が出たうちのどちらかを間引いてもよいでしょう。まく時は、種の上に薄く土をかぶせ、常に湿った状態を保ちます。2週間ほどで発芽します。

> 葉とはまた違った香りをもつコリアンダーシード。

🍵 いろいろな楽しみ方

生でサラダなどに入れるのがおすすめ。生春巻きや餃子の具、フォーなどアジアの汁麺のトッピングにしても。根はみじん切りにして炒め物やスープに入れるとよいでしょう。柔らかい花はサラダに。若い実は酢漬けにし、インド風のヨーグルトサラダや、カルパッチョ、ペペロンチーノなどのトッピングに。種はコリアンダーシードとして、カレーなどのスパイス料理に使えます。

> 酢漬けの実は、爽やかな風味が料理のアクセントになる。

豆腐とコリアンダーの和え物

コリアンダーの茎はみじん切りに、葉は摘んで…と切り方を変えるのがポイント。

材料（2人分）

- 木綿豆腐（固めのもの）……1丁
- コリアンダー……50g
- 味付けザーサイ（市販）……15g
- A
  - しょうが（みじん切り）……大1片分
  - 炒りごま……小さじ1
  - XO醬……小さじ1
  - ごま油……大さじ1強
  - 塩……少々

つくり方

1. 豆腐は厚手のペーパータオルなどでくるみ、重しをして厚みが半分近くになるまでしっかりと水切りする。1cm角に切ってボウルに入れる。
2. コリアンダーは葉を摘み、茎はみじん切りにする。ザーサイは粗みじんに切る。
3. 1に2とAを入れて和える。

材料（2〜3人分）

- 豚ひき肉……120g
- 春雨……60g
- 干しえび……3g
- きくらげ……3g
- セロリ……60g
- にんじん……30g
- 紫玉ねぎ……40g
- 細ねぎ……2本
- コリアンダー……6〜8本
- A
  - ナンプラー……大さじ1½
  - レモン汁……大さじ1
  - 砂糖……小さじ1
  - にんにく（みじん切り）……½片分
  - 赤唐辛子（小口切り）……1本分

つくり方

1. Aは混ぜ合わせておく。春雨は15分ほどぬるま湯につけてもどし、食べやすい長さに切る。干しえびは大さじ4のぬるま湯でもどす。きくらげもぬるま湯でもどし、せん切りにする。

2. セロリの茎は斜め薄切りにする（葉があれば適量をせん切りにして加える）。にんじんは細切りに、紫玉ねぎは薄切りに、細ねぎは3cm長さに切り、すべて冷水に放してシャキッとさせておく。

3. フライパンに干しえびをもどし汁ごと入れて中火にかけ、煮立ったら豚ひき肉を加え、そぼろ状にほぐす。肉の色が変わってきたらきくらげを加えて炒める。

4. 春雨を加えて炒め、水分がなくなったら火を弱めてAを加え、水けをきった2を加えてさっと炒め合わせる。

5. 器に盛り、コリアンダーを添える。

タイ風春雨サラダ

コリアンダーはシャキシャキ感を楽しむため、サラダに混ぜ込まず、添えていただきます。

コリアンダーサラダ　フルーツ添え

コリアンダーと甘いフルーツの相性は抜群。一緒に食べるとお互いを引き立てます。

材料（2人分）
コリアンダー …… 100g
紫玉ねぎ …… 30g
ゴールドキウイ* …… 1個
コリアンダーパウダー …… 適量
塩・酢・オリーブ油 …… 各適量

つくり方

1　コリアンダーはざく切りにする。紫玉ねぎはごく薄切りにして水にさらし、水けをしっかりときる。

2　1をざっくりと和えて器に盛り、コリアンダーパウダーをふる（あればコリアンダーの花を飾る）。皮をむいて食べやすく切ったゴールドキウイを添え、塩、酢、オリーブ油をそれぞれかけて食べる。

*フルーツはゴールドキウイ以外でもよいが、マンゴーやアボカドなど、ねっとりと甘いものがおすすめ。

青じそ
Perilla

basic data

- 分類／一年草・非耐寒性
- 学名／*Perilla frutescens*
- 科名／シソ科
- その他の呼び方／大葉
- 草丈／30〜100cm
- 増やし方／挿し木、種まき

日本人にはなじみの深い和のハーブ、青じそは
和食にはなくてはならない香り野菜のひとつ。
葉が縮れたちりめん種のものが、柔らかくておいしいです。
自家採種した種で育てると、品質が落ちやすいので
確かな種苗会社の苗や種を購入するのがおすすめ。
生育が旺盛なので、葉や穂じそを大量に収穫したら
塩漬けやみそ漬けにして保存しておくとよいでしょう。

栽培カレンダー

	1月	2月	3月	4月	5月	6月	7月	8月	9月	10月	11月	12月
苗の植えつけ				ベストシーズン								
収穫												
剪定												
植え替え												
挿し木					ベストシーズン							
種まき												

育て方のコツ

🌱 日当たりがよく、風通しのよい場所で育てます。生育が旺盛なので、有機質に富む肥沃な土がよいでしょう。水切れすると葉が硬くなり、大きく育ちにくいです。

🌱 苗は、葉が縮れているほうが柔らかいものが多く、葉が大きく、茎間が伸びていないものを選びます。根が鉢いっぱいに広がったら、2、3号大きな鉢に植え替えます。

🌱 暑くなって蒸れてくるとヨトウムシ（イモムシ類）やハダニが出やすくなるので、それまでに大きな株に育てます。ハダニが葉の裏につかないよう、風通しをよくし、葉の裏からも散水します。ヨトウムシは朝晩に見つけて取り除きます。

✂ 収穫（摘芯・剪定）のポイント

若い芽の先端を摘んで摘芯すると、わき芽が出て枝数が増し、形のよい株に育ちます。その後も、葉の上の節の部分で切りながら随時、収穫します。大きく育ってきたら、蒸れを解消するためにも、葉が混み合った部分を剪定しながら、風通しをよくするとよいです。冬には枯れるので、切り戻しはせずに育てます。

> 先端の新芽は、
> 手で簡単に摘み取れる。

> 大きく育ったら
> 枝ごと刈り込んで、
> 蒸れを解消。

🪴 挿し木で増やす →p.127

20℃以上の温度であればいつでもできます。株元あたりの大きな枝を取り、上部に葉を3〜4枚残して下の葉を落とし、水に浸けておきます。1〜2週間すると根が出てくるので、発根を確認したら培養土に植えます。

🌱 穂じそを収穫する

花が咲くと味が落ちるので、葉を収穫したい場合は取り除きます。8〜10月になると葉が小さくなり、花穂ができやすくなります。そうしたら、穂じそを目的に育て、花が終わりかけて実ができ始めの柔らかい状態のものを収穫します。

> 穂じそは
> 薬味として使って。

こぼれ種について

花が咲き終わった後、穂が大きくなってきます。青じそは、こぼれ種で育つほど生育は旺盛ですが、種によって品質のよしあしがあるため、種から育てるなら、購入した種をまくのがおすすめです。種が土に落ちないように、花穂はカットするとよいでしょう。

種まきで育てる → p.126

種をまくときは、深植えにならないように、土の上にまいてそのままにするか、ごく薄く土をかぶせるだけにします。水やりはたっぷりと。発芽には20℃以上の温度が必要なので、屋外に置くなら5月以降、もしくは4月下旬に室内で発芽させて、暖かくなってから外に出してもよいです。

旬の青じそは
爽やかな香りが漂う。

穂じそを大量に
収穫したら、
みそ漬けに。

いろいろな楽しみ方

柔らかい葉はせん切りにして薬味にするのがおすすめ。硬い葉は肉だんごや餃子に入れたり、つくねに巻いたり。魚のすり身に巻いて揚げてもおいしい。ちぎった青じそを、なすのみそ炒めにさっと混ぜても。大根サラダ(p.43)には欠かせないトッピング。和風パスタ、おにぎり、混ぜごはんの具に。大量に収穫したら葉は塩漬け(p.42)、穂じそはみそ漬け(p.42)に。

青じその塩漬け　梅きゅうり巻き

塩漬けにした青じそは、大量に収穫したときにつくる保存食。ごはんに巻いて一口にぎりにしても。

材料とつくり方

1 **青じその塩漬け**をつくる。多めに収穫した**青じそ**を用意し、ラップを広げて中央に1枚置き、塩少々を葉全体にふる。その上にしそを重ねて塩をふる。これを10〜15枚分繰り返したら、ラップでしっかりと密閉し、軽く重石をして、冷蔵庫で葉の色が全体的に濃くなり、水分が出てくるまで漬ける。*

2 青じその塩漬けを使う枚数だけ取り出し、さっと洗ってから、水分を絞って裏返しに広げる。長さ5cm、縦に4等分に切ったきゅうりを巻き、梅肉をのせる。

＊3〜4日ほど保存可能。

しその実のみそ漬けごはん

穂じそが大量に採れたときに。漬けものに入れたり、納豆に混ぜたり。酢めしに混ぜても。

材料とつくり方

1 **しその実のみそ漬け**をつくる。多めに収穫した**穂じそ**から、しその実をしごいて取り出し、30秒ほどゆでてアクを抜き、ざるに上げる。粗熱がとれたら、ペーパータオルで水けを拭く。平らな保存容器に、みそを底面が隠れる程度に広げ、その上にガーゼ、穂じそ、ガーゼをのせ、さらにその上にみそを広げる。表面をラップでぴったり覆い、ふたをして冷蔵庫で1週間〜10日漬ける。*

2 温かいごはん1膳に対して白ごま小さじ⅔、しその実のみそ漬け小さじ2を混ぜ込む。

＊漬かったら保存ビンに詰め替え、2〜3週間保存可能。残ったみそはみそ汁や炒め物にして早めに使いきる。

大根と青じそのサラダ

ドレッシングは食べる直前にかけるのがポイント。しその香りと野菜の食感を楽しみます。

<u>材料（2〜3人分）</u>
大根 …… 8〜10cm
みょうが …… 1個
青じそ …… 6枚
A ｜ ポン酢しょうゆ …… 大さじ4
　｜ 米油などくせのない油 …… 小さじ2

<u>つくり方</u>
1 大根は縦半分に切ってから横にごく薄切りにし、みょうがは縦半分に切ってから斜めにごく薄切りにする。冷水に浸し、シャキッとさせておく。

2 1の水けをしっかりきり、ちぎった青じそと和えて器に盛る。

3 Aを混ぜ合わせ、食べる直前に2にかける。

材料（2〜3人分）
牛肉ステーキ用（好みの部位）…… 200〜250g
ガーリックライス
|温かいごはん …… 2膳分
|にんにく（みじん切り）…… 2片分
|マカダミアナッツ（あれば）…… 適宜
|しょうゆ …… 小さじ1〜1½
|オリーブ油 …… 大さじ1½
塩 …… 少々
A |にんにく（すりおろし）…… 小さじ½
  |しょうゆ・みりん …… 各大さじ1½
練りわさび …… 小さじ1
オリーブ油 …… 小さじ2
青じそ …… 8枚
白炒りごま …… 適量

つくり方

1　ガーリックライスをつくる。フライパンにオリーブ油とにんにくを入れて弱火にかけ、にんにくが色づいたら、ごはん、マカダミアナッツを加えて炒め、しょうゆを回し入れて混ぜる。

2　牛肉は室温で20分以上おき、焼く直前に塩をふる。Aは混ぜ合わせておく。

3　別のフライパンにオリーブ油を熱し、牛肉を入れて強めの中火でしっかり焼き色をつけたら裏返し、両面で3〜4分焼く。Aを回し入れて火を強め、軽いとろみがつくまで煮からめ、練りわさびを加えてなじませる。

4　器に1を盛り、3を食べやすく切り分けて、たれとともに盛り合わせ、せん切りにした青じそと白ごまを散らす。

和風ガーリックステーキライス
こってりした牛肉のステーキを、大盛りの青じそがさっぱり仕上げてくれます。

- 分類／多年草・耐寒性
- 学名／*Mentha*
- 科名／シソ科
- その他の呼び方／セイヨウハッカ
- 草丈／20～80cm
- 増やし方／株分け、挿し木

basic data

ハーブの中でも特に生育が旺盛で、地下茎からどんどん新しい芽が出てくるため、広がりすぎて困るほど。雑草のようなたくましさと生命力がある、力強いハーブです。ここで紹介するスペアミントのほか、アップル、パイナップル、クール、ペパーなど種類も多く、それぞれに香りが異なります。お茶に、料理に、お菓子に、入浴剤に……と使い道はさまざま。大量に収穫したら、ドライにして保存するとよいでしょう。

栽培カレンダー

	1月	2月	3月	4月	5月	6月	7月	8月	9月	10月	11月	12月
苗の植えつけ				■	■	■			■	■		
収穫					ベストシーズン		■	■	■	■		
剪定			■	■	切り戻し	■	■	■	切り戻し	■	■	■
植え替え	■	■	■	■	■	■	■	■	■	■	■	■
挿し木			■	■	ベストシーズン		■	■	■	■	■	
株分け			ベストシーズン						■	■	■	

育て方のコツ

🌱 日なたを好みますが、明るい日陰でも育ちます。湿り気のある土がよく、水が切れると葉が硬くなります。生育が旺盛なので、肥料切れしないように生育に応じて追肥します。

🌱 節の間が短く、葉がみずみずしい苗を選ぶと、そのまま樹形よく育ちます。新芽がたくさん出ているものは根詰まりしていますが、大きな鉢に植えることで、たくさん収穫できます。葉が赤や黄色に変色しているものは根が傷んでいます。

🌱 風通しが悪いと、アブラムシ、ハダニがつきます。5～6月ごろになったら、虫がつく前に収穫しましょう。間引いて風通しをよくすることで、多少は防げます。

先端の若芽を手で摘み取って、摘芯する。

収穫（摘芯・剪定）のポイント

株が小さいうちに先端の芽を摘んで摘芯し、わき芽を増やして、形よく整えていきます。少し育ってきたら、地際から葉を2～4枚残した節の上を切って収穫します。葉を数枚残すことで光合成しやすく、その後の収穫量が多くなります。

花芽が出る前の5～6月ごろが、一番充実した葉を収穫できるため、この時期に収穫をかねて刈り込みます。葉が黄色くなっていなければ、地際で切っても大丈夫です。地下茎が張っているので、土の中から新しい芽が出てきます。

花が咲くと栄養が花にいき、下の方の葉が黄色くなり始めるので、葉を収穫するなら花芽をカットします。

摘芯をした後、わき芽が出てきた状態。

切り戻しをする

5～6月に、収穫をかねて切り戻します。夏の強い剪定は、乾燥しやすく、株への負担が大きくなるので、全体的に切り戻すのではなく、様子を見ながら茎を間引くようにするとよいでしょう。ただし、随時剪定しないと蒸れてしまい、下の葉が黄色くなったり黒くなったりします。冬に備えて、9～10月ごろに剪定する時は、地際でばっさり切り戻しても大丈夫です。地上部が枯れても地下茎は生きて、冬を越します。

先端の柔らかい葉は、サラダやミントティーに。

挿し木で増やす → p.127

葉を5～6枚残して水に挿しておくと、1～2週間で根が出てくるので、そのまま培養土に植えれば根づきます。通年できますが、5～7月の暖かい時期のほうがよいでしょう。

挿し木にするときは、水に浸かる下部の葉を取り除く。

株分けで増やす → p.127

地下茎が強いので、株分けで簡単に増やせます。どこで切っても5cmくらい根があれば、すぐに根づきます。根が張ってきて、鉢がいっぱいになったら鉢から出し、園芸用のはさみや包丁で、株のかたまりをざくざく切り分けて、新しい鉢に植え替えます。

品種の多いミントの中でも、スペアミントが料理に一番使いやすい。

いろいろな楽しみ方

まずは、フレッシュな葉を摘んできて、熱湯を注ぐだけのミントティーを。レモンバームやレモングラス、カモミールとのブレンド(p.25)もおすすめ。紅茶に入れてもおいしいです。お風呂には、そのまま枝ごと浮かべて香りを楽しんでも。心も体もリフレッシュします。料理に使うなら、旬のフルーツと水切りヨーグルトやフレッシュチーズを合わせたマリネ(p.50)に散らしたり、生春巻きに入れたり。たくさん収穫したものはドライにしても。

材料（2人分）
- もも（硬めのもの）……1個
- フレッシュチーズ（モッツァレラ、カッテージ、リコッタなどお好みで）……約60g
- スペアミントの葉（葉先の柔らかい部分）……軽くひとつかみ
- レモン汁……小さじ1½
- 粗びき黒こしょう……適量
- レモン（国産）の皮のすりおろし……適量
- オリーブ油……小さじ2
- 粗塩……適量

つくり方
1. ももはよく洗って表面のうぶ毛を取ってから、皮つきのままひと口大に切り、レモン汁で和えておく。モッツァレラチーズは、ひと口大にちぎる。
2. 皿に1のももとチーズをバランスよく盛ってミントの葉を散らし、黒こしょう、レモンの皮のすりおろしを散らす。オリーブ油を回しかけ、粗塩をふる。

皮つきももとフレッシュチーズのミントマリネ

皮ごと切った香り高いももとスペアミントの食感を合わせました。黒こしょうがポイント。

材料（2杯分）
- ライム …… 1個
- きび砂糖 …… 大さじ4
- スペアミントの葉 …… 8〜10g
- ラム（ホワイトまたはダークラム）…… 60ml
- 炭酸水（無糖）…… 適量

つくり方
1. 深めの筒型の容器（またはビン）に、皮ごと1cm角に刻んだライムときび砂糖、スペアミントの順に入れて、上から木べらの柄などでライムをつぶすようにしっかりと突き、エキスを出したらラムを加えて混ぜ、茶こしなどでこす。
2. グラスに**1**を2〜3等分に分けて入れ、氷と炭酸水を好みの量加える。ミントの葉とくし形切りにしたライム（各分量外）を添える。

フレッシュミントのモヒート

夏に飲みたいフレッシュなカクテル。ダークラムを使うとこっくりした味わいに。

ミントとレモングラスのチャイ

フレッシュハーブを入れたチャイは、
さっぱりしていてたくさん飲めてしまいます。

材料（4杯分）
スペアミント …… 6〜8g
レモングラス（茎の部分も使う）…… 30cm長さ2本
アッサムティー茶葉 …… 12g
牛乳 …… 300ml
きび砂糖 …… 30g

つくり方
1　スペアミントとレモングラスは鍋に入る長さに切る。

2　深さのある鍋に水300mlと紅茶葉を入れて中火にかけ、煮立ったら弱火にし、紅茶の色が出きったら牛乳ときび砂糖を加える。

3　火を強めて煮立たせ、鍋のふちから溢れそうになったら、すばやくごく弱火にし、1を加えて30秒ほど煮出し、茶葉とハーブを茶こしでこす。

ミント氷

氷をつくるときに葉を入れるだけ。
ミントがほんのり香ります。

材料とつくり方
製氷皿に水を入れ、ミントの葉を1〜2枚ずつのせて、冷凍庫で凍らせる。ピッチャーなどにミント氷と水を入れ、香りが出たらグラスに注ぐ。おもてなしの席に、チェイサーとして。

ミントのアイスボウル

ミントを閉じ込めた氷の器は、おもてなしのテーブルにあると盛り上がります。

材料とつくり方

1 ボウルに水を⅓高さくらいに張り、ミントの葉ひとつかみを入れる。ひと回り小さいボウルに、重石になるように水を入れてから、大きいボウルの中央に入れ、冷凍庫で凍らせる。

2 ボウルから外して皿の上に置き、フルーツなどを盛りつける。

> - 分類／多年草・半耐寒性
> - 学名／*Cymbopogon citratus*
> - 科名／イネ科
> - その他の呼び方／レモンガヤ、オイルグラス、コウスイガヤ、メリッサグラス
> - 草丈／30〜150cm
> - 増やし方／株分け

basic data

ススキのような見た目からは想像がつかないような
爽やかなレモンの香りが漂う、レモングラス。
暑さに強く、害虫もつきにくく、大株に育つので、
手間がかからないハーブのひとつです。
葉は繊維が硬いので、主に香りづけに使われますが
根元の白く柔らかい部分は、刻んで煮込みやサラダに入れて
シャキシャキした食感を楽しみます。

栽培カレンダー

	1月	2月	3月	4月	5月	6月	7月	8月	9月	10月	11月	12月
苗の植えつけ				■	ベストシーズン	■						
収穫					■	■	ベストシーズン	■	■	■		
剪定						■	■	切り戻し				
植え替え				■	■				■	■		
株分け					ベストシーズン	■	■					

育て方のコツ

- 日当たりのよいところで育てます。暑さに強く、最近の日本の蒸し暑さの中でもよく生長しますが、水切れを起こさないように注意します。湿り気のある肥沃な土がよく、培養土に細かめの腐葉土を多めに入れるとよいでしょう。

- 苗は、緑の葉が少しでも見えているものを選びます。根が深く張り、かなり大きく育つので、できれば地植えがおすすめですが、鉢植えにする場合は、深さがあって大きい鉢を選びます。

- 寒さには弱いので、冬場は霜にあたらない工夫をします。5℃以上あれば屋外で冬越しできます。

葉で手を
切りやすいので、
収穫の際は
気をつけること。

 ## 収穫のポイント

5月ごろに植えた苗は、6月に入って旺盛に育ちます。葉を使う場合は、地際から10〜15cmくらいのところでカットします。これくらい残しておくと、新しい葉がまたすぐに出てきます。ひとつの株からふっくらした芯がたくさん生えているときは、根元から芯ごと収穫しても。残った株からわき芽が出てきて増えます。

根元の芯の部分は、
ねじるか、はさみを使ってカット。

 ## 切り戻しをする

暑い時期はよく育つので、どんどん葉が伸びてきます。8月ごろ、収穫を兼ねて、地際15cmくらいのところで切り戻します。新芽が伸びてきたら随時カットし、涼しくなって生長がゆっくりになってきたら、冬前にもう一度、地際15cmでカットして冬に備えます。

株分けで増やす

5〜6月ごろに株分けするのがベストで、7月には大株になります。土から掘り出して根をほぐし、はさみなどを使って2〜3本の茎のかたまりに分けるか、1本ずつに分けるのでも大丈夫です。芯がしっかりしていれば、葉や根がついていなくても育ちます。

ひとつずつの株に分け、
それぞれを植えつける。

冬越しについて

霜が降りるほどの寒さには弱いので、冬は防寒対策が必要です。鉢ごと室内に入れておくのもよいですが、新聞紙やビニール袋をかぶせたり、葉を切らずに縛っておいたり、ベランダの壁際などのやや暖かい場所に置いたりと、育てる環境に応じて、さまざまな方法を試してみてください。

冬に枯れた株から、春先に新しい葉が出てくる。

夏に収穫した葉をドライにしておくと、一年中使えて便利。

いろいろな楽しみ方

上部の葉、真ん中あたりの茎、根元の芯の部分で使い道が異なります。ハーブティーには柔らかい葉を使って。レモングラスだけでも、ミントやカモミールなどのハーブと組み合わせても。トムヤムクンやタイカレー、またチャイには、硬い茎の部分を煮込んで香りを出します。根元の芯は唯一食べられる部分で、サラダや炒めものなどに使います。夏に大量に収穫したら、葉は5cm程度の長さに切ってドライにし、芯の部分は15cm程度の長さにして保存袋に入れ、冷凍します。

芯の部分はスーパーなどではなかなか手に入らない。

材料（2人分）
- 牛もも肉ステーキ用 …… 120〜150g
- 米 …… 大さじ3
- レモングラスの芯（根元から10cmくらいまでの柔らかい部分）…… 2本
- コリアンダー …… 5〜6本
- きゅうり …… ½本
- ミニトマト …… 6個
- 紫玉ねぎ …… ⅙個
- 塩 …… 少々
- サラダ油 …… 小さじ2
- A
  - ナンプラー …… 大さじ3
  - レモン汁 …… 大さじ3
  - 砂糖 …… 小さじ½
  - にんにく（みじん切り）…… 小1片分
  - 赤唐辛子（小口切り）…… 1本分

つくり方

1 小さなフライパンに米を入れ、中火で5〜6分炒り、焼き色がついたらミルサーまたはすり鉢で砕く。Aは混ぜ合わせる。

2 牛肉は室温にもどし、焼く直前に塩をふる。フライパンにサラダ油を熱し、牛肉を両面香ばしく焼く。アルミホイルに包んで肉汁を落ち着かせる。

3 レモングラスの茎は外側の硬い皮を1〜2枚むいて、斜めにごく薄切りにし、コリアンダーはざく切りにする。きゅうりは縦半分に切って斜め薄切りにし、ミニトマトは半分に切る。紫玉ねぎは薄切りにして水にさらし、水けをしっかりきる。

4 2を5mm厚さのそぎ切りにし、大きいものはさらに半分に切ってボウルに入れ、3と1の米、Aで和える。

牛肉とレモングラスのエスニックサラダ

レモングラスの芯の白い部分は生で食べられます。香りよくシャキシャキして美味。

レモングラスごはん

エスニック風味がただようごはん。タイカレーや鶏肉のソテーに添えて。

材料（つくりやすい分量）
米* …… 2合
レモングラス（真ん中あたりの茎の部分）
　…… 30cm長さ2〜3本
ココナッツミルク** …… 80ml
塩 …… ひとつまみ

つくり方
炊飯器で米を炊くときに、ココナッツミルクと塩を入れてから水を足して、通常の水加減にする。レモングラスを適当な長さに切ってのせ、普通に炊く。

＊タイ米で炊くと、よりエスニックな味わいに。
　カレーやエスニックおかずに合わせるごはんとしておすすめ。
＊＊ココナッツミルクを入れずに水だけで炊くと、
　さっぱりした仕上がりに。メニューによって使い分けて。

材料（4人分）
鶏もも肉……2枚（約600g）
レモングラスの芯（根元から10cmくらいまでの柔らかい部分）……2本

A｜にんにく（みじん切り）……1片分
　｜しょうが（みじん切り）……1片分
　｜コリアンダー（みじん切り）……60〜100g
　｜青唐辛子（小口切り）……1〜2本

B｜レッドペッパー……小さじ¼
　｜クミンパウダー……小さじ2
　｜コリアンダーパウダー……小さじ2
　｜ターメリックパウダー……小さじ½
　｜塩……小さじ1

レモン汁……大さじ2
サラダ油……大さじ6

つくり方

1　鶏肉は4等分に切る。レモングラスの茎は外側の硬い皮を1〜2枚むき、ごく薄い小口切りにする。

2　深めのフライパンにサラダ油大さじ1を入れて熱し、鶏肉の皮目を下にして入れ、焼き色がついたら裏返して両面焼き、いったん取り出す。

3　2のフライパンに残りのサラダ油とレモングラスを入れて火にかけ、香りが出るまで中火で炒める。Aを加えて香りが立つまで炒めたら、Bを加えて混ぜ、レモン汁を加える。

4　2を戻し入れ、鶏肉に火が通るまでふたをして弱火で煮る。

鶏肉とレモングラスのスパイスオイル煮
レモングラスの強い風味と数種類のスパイスで、パンチのきいたエスニック煮込みに。

basic data

・分類／多年草・耐寒性
・学名／*Origanum vulgare*
・科名／シソ科
・その他の呼び方／ハナハッカ
・草丈／10〜80cm
・増やし方／株分け、挿し木

オレガノにはいろんな種類があるので、料理に使う場合は香りが強いものを確かめてから買うとよいでしょう。
イタリアンオレガノやグリークオレガノなどが使いやすいです。
生育が旺盛で育てやすいうえ、
春から秋まで長く収穫ができ、万人に好まれる優しい香り。
花の咲く直前が、一番香りがよいといわれていて、
ドライにして香りがしっかり残るのも、好まれる理由です。

栽培カレンダー

	1月	2月	3月	4月	5月	6月	7月	8月	9月	10月	11月	12月
苗の植えつけ	■	■	■	■	■					■	■	■
収穫					■	■	■	■	■	■	■	
剪定			■	■	■	■						
植え替え			■	■	■	■						
挿し木			■	■(ベストシーズン)	■	■				■	■	
株分け			■	■(ベストシーズン)	■	■				■	■	

育て方のコツ

🌱 日当たりがよく、風通しのよい場所で育てます。暑さ、寒さに強いですが、乾燥させないように、水やりは表面が乾いたらたっぷりやります。冬は地上部が枯れますが、地下茎は生きているので、水やりを忘れずに。

🌱 丈夫なハーブなので、茎が間延びしたものでも、葉が元気なら、植えつければすぐにしっかりした株になります。地面を這うように伸びて株が横にどんどん大きくなり、株分けや挿し木などで簡単に増やすことができます。

収穫（剪定）のポイント

葉のある時期はいつでも、剪定をかねて収穫できます。株元から間引くように収穫するか、茂っているときは、株元5cmくらいのところでばっさり刈り込みます。盛夏は、株の中が蒸れて枯れてくるので、多めに収穫しても大丈夫ですが、収穫しすぎて株元が乾燥すると、生育環境が変わって枯れる恐れがあります。地面を這うように広がるので、横に広がりすぎないように、随時剪定します。

> 枝が伸びてきたら株元からカット。

> 小さな花は香りがよいので料理に使って。

株分けで増やす → p.127

暑い時期を除き（春がおすすめ）、株分けで簡単に増やせます。中でも、地を這って伸びた枝が土に触れたところから発根していることがあり、その根のついた茎を切って、1時間ほど水揚げしてから植えると早く根づきます。挿し木の場合は、5cmくらいに切って根元の葉を取り除いた挿し穂に十分水を吸わせ、湿った土（挿し木用の土）に挿します。

いろいろな楽しみ方

トマト料理と相性がよく、パスタやピザのトマトソース（p.66）、肉のトマト煮込みなどをつくるときに、一緒に煮込んで香りを移します。メキシコ料理のサルサソースに加えても。花が咲く前の柔らかいつぼみは香りが高く、先端をちぎってピザやパスタにトッピングするのもおすすめ。たくさん収穫したら、ドライにしてハーブミックス（p.114）をつくっておくと、料理に幅広く使えます。

> ドライにしたものも、香りが高くて料理に使いやすい。

材料（2人分）
ゆでた白花豆（または白いんげん豆）
　……150g
オレガノの葉（葉先の柔らかい部分）
　……適量
オリーブ油……大さじ2〜3
粗塩……適量

つくり方
ゆでたての豆（またはゆで汁ごと温めなおした豆）の汁けをきって器に盛る。オリーブ油を回しかけて粗塩をふり、オレガノの葉を散らす。

◎豆のゆでかた
白花豆（または白いんげん豆）はさっと洗い、たっぷりの水にひと晩浸す。ざるに上げ、豆とたっぷりの水を鍋に入れて火にかけ、煮立ったらアクをすくい、弱火で40分〜1時間ほど、柔らかくなるまでゆでる。ゆで汁ごと冷凍保存も可能なので、豆はひと袋まとめてゆでるのがおすすめ。

ゆで豆のオレガノオイル
花が咲く直前の、最も香りが立つ先端の葉を散らして。シンプルだけど贅沢な料理。

材料（2人分）
トマトソース（つくりやすい分量）
  トマト水煮缶（ダイスカット）…… 1缶（400g）
  オレガノ…… 2枝
  にんにく（つぶす）…… 1片
  塩…… 小さじ¼
  オリーブ油…… 大さじ2
スパゲッティ…… 160g
オレガノの葉（葉先の柔らかい部分）…… 適量

つくり方
1 トマトソースをつくる。深めの鍋にオリーブ油とにんにくを中火で熱し、にんにくが色づいたらトマトの水煮を入れる。煮立ったら弱火にして、オレガノを入れて20分以上煮る。塩で調味する。

2 熱湯に塩（分量外）を加え、パスタを袋の表示通りにゆでる。

3 1のソース適量を大きめのボウルに入れ、2とオリーブ油適量（分量外）を和えて器に盛る。オレガノの葉を散らす。

ソースは冷蔵庫で1週間ほど日もちし、冷凍保存も可能。焼いた肉や魚のソース、煮込み料理に使って。

トマトソースパスタ　オレガノ風味
トマト料理に欠かせないオレガノ。一緒に煮込んで香り高いソースに仕上げました。

- 分類／多年草・耐寒性
- 学名／*Salvia officinalis*
- 科名／シソ科
- その他の呼び方／ヤクヨウサルビア
- 草丈／30〜80cm
- 増やし方／挿し木、株分け

basic data

セージにも種類がたくさんありますが、
一般的によく使われるのは、コモンセージです。
スーッとした独特な香りとほろ苦さが
特に肉料理の臭みを取るのにぴったりで
ぴりりと味を引き締めて、エスニック風味に仕上げます。
シルバーカラーでふっくらした肉厚の葉も美しく、
雰囲気のある庭づくりにも欠かせないハーブです。

栽培カレンダー

	1月	2月	3月	4月	5月	6月	7月	8月	9月	10月	11月	12月
苗の植えつけ			ベストシーズン									
収穫					ベストシーズン							
剪定			切り戻し									
植え替え												
挿し木			ベストシーズン									
株分け			ベストシーズン									

育て方のコツ

🌱 日当たりがよく、風通しのよい場所で育てます。最近の夏の暑さには弱く、蒸れやすいので、明るい日陰に置いたり、茂った枝をすくように剪定したりします。生育が旺盛なので、肥料切れを起こさないように。

🌱 苗を選ぶときは、上部が間延びしていたり、根元が枯れていたりしても、株元にたくさん芽の出そうなものを選びます。大きくなった株を植え替えるときは、根が傷みやすいので、暑い日は避けます。

🌱 冬は、地上部は枯れても、地下茎は生きています。ただ、霜柱が立つような場所では、根が傷んで枯れることがあるので、枯れ葉や新聞紙などをのせておくとよいでしょう。

少量使いたい
ときは、
柔らかい葉を
手で摘んで。

 ## 収穫のポイント

春から秋まで収穫できますが、花が咲く前の葉が一番充実しています。葉を使う場合は、花は咲かせないように花芽を摘みます。茂ってくると、中の方に光が入らず葉が黄色く枯れてくるので、葉を2、3枚残したところで根元近くから切ります。ただし、夏は葉のない枝のところで切ると、枯れてしまうことがあります。

 ## 切り戻しをする

枝が伸びて、背が高くなりすぎると、樹形が乱れたり倒れたりするので、随時剪定をします。3月ごろ、芽吹く前に株元5cmくらいの高さに切り戻すと、株元からたくさん芽が出てきます。

伸びきった枝は、思いきって
新芽の上まで切り戻す。

葉を2枚くらい残し、
水に浸けて
挿し穂にする。

 ## 挿し木で増やす →p.127

株分けもできますが、挿し木の方が一般的です。3月の芽吹くころの枝が一番根づきやすく、根元近くの枝を5〜10cmくらいに切って挿し穂にし、1時間ほど水揚げしてから挿し木用の土に挿します。株分けする場合は、3月ごろに根元付近で根が出ている茎があればそれを使うとよいでしょう。

 ## いろいろな楽しみ方

料理に広く使えます。ひき肉に混ぜ込んで焼きソーセージ(p.71)やハンバーグに。とうもろこしやにんじん、かぼちゃのせん切りに加えてかき揚げに。甘みのある野菜をセージの清涼感と独特な香りが引き締めます。トマトソースに加えても。たくさん収穫したら、ドライにして保存できます。

粗いみじん切りにしたセージを、
ミンチ肉に混ぜ込んでソーセージに。

サルシッチャ(皮なし焼きソーセージ)

セージの葉が肉の臭みを取り、クミンやパプリカと合わさってエキゾチックな味わいに。

材料(2人分)
- 豚こま切れ肉 …… 250g
- セージの葉 …… 6〜8枚
- A
  - 塩 …… 3g
  - クミンパウダー …… 小さじ1
  - パプリカパウダー …… 小さじ1
  - にんにく(みじん切り) …… 2g
  - 一味唐辛子 …… 少々
- オリーブ油 …… 大さじ1

つくり方

1 豚肉は包丁で叩くか、フードプロセッサーにかけて、粗いミンチ状にする。セージは粗いみじん切りにする。豚肉にセージとAを加えてよく練り混ぜる。

2 手にオリーブ油適量(分量外)を塗って1/8量を取り、空気を抜くようにしながら細長い形にまとめる。これを8個つくる。

3 フライパンにオリーブ油を熱し、2を並べ入れて全面にしっかりと焼き色をつけたら、ふたをして弱火にして3〜4分焼く。

とうもろこしのセージバター

とうもろこしの甘みにセージの独特の香りが合います。焦げ目をつけて焼くと香ばしい。

材料（2人分）
とうもろこし …… 1本
セージの葉 …… 8〜10枚
バター …… 20g
粗塩 …… 適量

つくり方
1 とうもろこしは実を外す。セージは粗いみじん切りにする。

2 熱したフライパンにバターを入れ、とうもろこしを加えてさっと混ぜたら、ふたをして中火で蒸し焼きにする。

3 とうもろこしが色鮮やかになり火が通ったら、セージを加えてさっと混ぜ合わせ、塩で調味する。器に盛り、バター適量（分量外）をのせる。

セージ入りスクランブルエッグ

柔らかい若芽はそのまま、硬い葉なら刻んで。こってりした卵をセージが引き締めます。

材料（2人分）
卵 …… 4個
セージの葉 …… 12枚
塩 …… 適量
オリーブ油 …… 大さじ1
バター …… 小さじ1

つくり方
1 卵は割りほぐして塩少々を加える。
2 フライパンにオリーブ油とバターを熱し、セージの葉を入れ（好みで刻んで入れてもよい）、少し縮んで香りが立ってくるまで炒める。1を流し入れ、全体をすばやくかき混ぜ、卵が好みの状態になるまで火を通す。器に盛り、塩少々をふる。

basic data

- 分類／多年草・半耐寒性
- 学名／*Foeniculum vulgare*
- 科名／セリ科
- その他の呼び方／ウイキョウ、フヌイユ
- 草丈／100〜200cm
- 増やし方／種まき

アニスに似た甘い香りが特徴のハーブ、フェンネル。根っこの部分を使うフローレンスフェンネルもありますが、ここでは、葉を使う一般的なスイートフェンネルを紹介します。夏にかけてぐんぐん背丈が伸びて、黄色い花を咲かせた後、実らせた種も甘みとエキゾチックな香りがあります。猫じゃらしのようなふわふわの新芽が愛らしい反面、地植えにするとこぼれ種で増殖する力強さも持っています。

栽培カレンダー

	1月	2月	3月	4月	5月	6月	7月	8月	9月	10月	11月	12月
苗の植えつけ			■	■								
収穫	■	■	■	■	■	■	■	■	■	■	■	■
剪定	■	■	■	■	■	■	■	■	■	■	■	■
植え替え			■	■						■	■	
種まき			■	■	■					■	■	

育て方のコツ

- 日当たりがよく、風通しのよいところで育てます。肥料が効きすぎると肥大になりますが、足りないとヒョロッとした株になってしまいます。根元がふくらむような株に育てるため、緩効性の肥料を鉢の周りに浅めに埋めます。

- 株は大きめより小さめのものを選び、葉先の黄色いものは避けます。根が傷つきやすいので、植え替えはなるべく株が小さいときに済ませましょう。暑すぎたり寒すぎたりする時期は避けたほうがよいです。

- 害虫はキアゲハの幼虫（イモムシ類）やカメムシ、アブラムシがつきやすいです。見つけたらすぐに取り除きます。

節から
枝分かれした
根元でカット。

株の根元あたりの
葉柄をはがしても。

収穫のポイント

葉があるときは随時、収穫できます。節の分かれている葉の根元のところで切るか、葉柄の下を株の根元からはがすようにします。下の葉のほうが硬く、上の葉のほうが柔らかいです。

切り戻しをする

背丈が高くなりすぎると倒れてくるので、主軸の節の上で切ったり、上部の葉を20～30cmまで切り戻したりして、根元にボリュームのある形のよい株に整えます。極寒期は地上部が枯れることがありますが、春になると新芽が出てきます。

種を収穫する

7月ごろに花が咲き始め、9月ごろには種ができますが、こぼれ種で増えてしまうので、種が落ちないうちに穂を収穫するのがポイント。種は乾燥させて、フェンネルシードとして使います。

フェンネルの実は
ディルよりも大粒でふっくら。

いろいろな楽しみ方

魚の臭みをとってくれるため、魚料理全般に使えます。サーモンや白身魚のソテーや蒸し焼きに。いわしとフェンネルのパスタ (p.78) は、シチリアの名物料理。フルーツを使ったサラダに加えて (p.77)。フェンネルシードは、夏野菜とヨーグルトを和えたインドのサラダ「ライタ」に。花も食べられるので、サラダやスープなどにのせると見た目にもきれいです。ディルと同様にピクルスに加えてもおいしい。

節の先端から
ふわふわした
新芽が出てくる。

フェンネルとオレンジのサラダ

フェンネルの甘みがオレンジの酸味とマッチ。柔らかい葉の部分をさっと和えるだけ。

材料（2人分）
オレンジ……2個
フェンネルの葉……2〜3枝分
オリーブ油……大さじ1〜1½
レモン汁……小さじ2
塩・ピンクペッパー……各少々

つくり方

1 オレンジは上下を少し切り落としてから側面を果肉が見えるまでそぎ切りにする。横に4等分にし、中心の芯を避けてひと口大に切る。

2 1をボウルに入れ、オリーブ油とレモン汁、葉をちぎったフェンネル、塩を加えてさっくりと混ぜ、ピンクペッパーを指でひねりながら加える。

材料（2人分）
いわし（3枚におろしたもの）……2尾
フェンネルの葉……2〜3枝分
干しぶどう……大さじ山盛り1
パン粉……½カップ
薄力粉……適量
ペンネ……120g
にんにく（みじん切り）……1片分
松の実……大さじ1
白ワイン……50ml
塩・こしょう・オリーブ油……各適量

つくり方

1 いわしに塩、こしょう各少々をふって3等分に切る。フェンネルの葉はざく切りにする。干しぶどうはぬるま湯に浸してもどす。

2 小さめのフライパンにパン粉とオリーブ油小さじ2を入れ、きつね色になるまでじっくりと炒める。塩、こしょうで味を調える。

3 別のフライパンにオリーブ油大さじ1を入れて中火にかけ、薄力粉を薄くまぶしたいわしを両面焼き、火が通ったら取り出す。

4 塩を加えた熱湯で、パスタを袋の表示通りゆで始める。

5 3のフライパンにオリーブ油大さじ1を熱してにんにくを入れ、にんにくが色づいたら、水けをきった干しぶどう、松の実を加えて炒める。いわしを戻し入れ、白ワインを加える。

6 ゆで上がったパスタを絡め、2、フェンネルの葉を加えてひと混ぜし、器に盛る。

いわしとフェンネルのパスタ
フェンネルとレーズンの甘みが絶妙なエッセンス。
葉は最後にさっと混ぜ合わせます。

- 分類／多年草・耐寒性
- 学名／*Melissa officinalis*
- 科名／シソ科
- その他の呼び方／セイヨウヤマハッカ、コウスイハッカ、メリッサ、ビーバーム
- 草丈／20〜80cm
- 増やし方／株分け、挿し木

basic data

葉の形や育て方はミントに似ていますが、
ミントより葉が繊細で色が薄く、育ち方は比較的ゆっくり。
とはいえ、こぼれ種でも育つほど生育が旺盛で、
真冬を除いて長く収穫できる、育てやすいハーブです。
一番の楽しみ方は、フレッシュな葉をハーブティーにすること。
爽やかで優しいレモンの香りに包まれて、
気持ちがリラックスすることでしょう。

栽培カレンダー

	1月	2月	3月	4月	5月	6月	7月	8月	9月	10月	11月	12月
苗の植えつけ			■	■	■				■	■		
収穫		■	■	■	■	■	■	■	■	■	■	
剪定			■	■	■	切り戻し			■	■	■	切り戻し
植え替え			■	■	■				■	■	■	
挿し木				■	■	■	■	■	■			
株分け			■	■								

育て方のコツ

- 日当たりのよい、風通しのよい場所で育てます。半日陰でも育ち、いくらか湿り気のある土を好みます。多少の水枯れにも強いですが、水が足りなくなると葉が硬くなります。生育が旺盛で、肥料が切れると葉が小さくなってくるので、元肥はもちろん、生育時期に追肥しましょう。

- 生長が速いので、苗は2〜3回り大きな鉢に植えつけます。植えつけや植え替えはいつでも大丈夫ですが、寒さが厳しい時期や、暑すぎる時期は避けたほうがよいでしょう。

- こぼれ種でも増えるので、増やしたくないときは、花や実をつけないように気をつけます。

ミントよりも茎が細く、手で簡単に摘んで収穫できる。

先端の柔らかい新芽だけを摘んで、ハーブティーに。

節の上で切ると、両脇の2か所から芽が出てくる。

小さくて繊細な白い花にも癒やされる。

収穫（摘芯・剪定）のポイント

小さいうちに若芽の先端を摘んで摘芯すると、枝数が増えて、形のよい株に育ちます。大きく育ってきたら、随時、剪定をかねて収穫を。葉が生えている節の上を切ると、そこから新芽が出てきます。初夏に小さくて白い花が咲きますが、花が咲くと葉の風味が落ちるので、葉を楽しむなら花芽をカットしながら育てます。

切り戻しをする

6月、花が咲く前ごろに一度、地際から3cm程度残して切り戻しをします。強めに刈り込んでも次々に芽が出てきます。冬になって霜が降りると、地上部は黒くなって枯れてくるので、思いきって地際で切ります。根茎は生きていて、春になるとまた芽が出てきます。

挿し木・株分けで増やす →p.127

基本的にミントと同じ方法で大丈夫です。挿し木の場合、ミントより根が出るのに時間がかかるので、十分水揚げできたら、挿し木用の土に挿して発根させます。大きくなりすぎた株は、園芸ばさみなどで茎を切り分けて株分けし、植え替えます。

いろいろな楽しみ方

ティーポットにフレッシュな葉を入れ、熱湯を注いでレモンバームティーに。紅茶や緑茶、ほかのハーブと組み合わせて、お好みのブレンドで試してみてください。グレープフルーツゼリーなどに添えたり、フルーツと合わせてサラダに仕立てたり。大量に収穫したら、枝ごと浴槽に浮かべて入浴剤にしても。

レモンバーム紅茶

ほんのり香るリラックスティー。お湯を注ぐだけのレモンバームティーもおすすめ。

材料とつくり方
ティーポット（中が見える耐熱ガラス製がおすすめ）に、お好みの紅茶葉とレモンバーム1～2枝を入れ、熱湯を2～3杯分加える。2～3分蒸らしてからティーカップに注ぐ。

- 分類／常緑低木・耐寒性～非耐寒性
- 学名／*Lavandula angustifolia*
- 科名／シソ科
- その他の呼び方／クンイソウ
- 草丈／20～100cm
- 増やし方／挿し木

basic data

春の心地いい季節に咲く、ハーブの「花」を代表するラベンダー。
つぼみに多く含まれる芳香に、心が穏やかになります。
品種改良が盛んで、交雑しやすいこともあり
香りや花の咲き方、葉の形などさまざまですが、
ここでは、最も香りがよいコモンラベンダーをご紹介。
切り戻しの時期さえ覚えれば、育てるのは意外と簡単。
花はドライにして部屋に飾り、ラベンダーの香りに包まれて。

栽培カレンダー

	1月	2月	3月	4月	5月	6月	7月	8月	9月	10月	11月	12月
苗の植えつけ			ベストシーズン									
収穫（花）						━━						
剪定			━━	━━					━━	━━		━━
植え替え			━━						━━	━━		
挿し木			━━	ベストシーズン						━━	━━	

育て方のコツ

🌱 日当たりのよいところ、風通しのよい場所で、水切れさせないように育てます。日陰では貧弱になり、花つきも悪くなります。蒸し暑さに弱く、風通しが悪いと中が蒸れて枯れ込むので、花が終わりかけの盛夏の前に剪定するとよいでしょう。3月ごろと9月中旬ごろの2回、追肥をします。

🌱 苗は、葉の色ツヤがよいものを選びましょう。樹形が乱れたもの、間延びしたものでも、剪定すれば大丈夫です。

🌱 大きな株は植え替えを好まず、少しの環境の変化で枯れることがあります。どうしても行う場合は、暑い時期を避け、なるべく葉や根を切り詰めて、乾燥しないように行います。

収穫（剪定）のポイント

香りを楽しむなら、花が少し咲き始めたころに収穫します。花を楽しむならそのまま咲かせてもよいです。花の収穫をかねて剪定をしますが、剪定の仕方を間違えると、枯れたり樹形が乱れたりします。大切なのは、葉のついた節を2、3節くらい残して切ること。葉を残しておくと、その下の葉のないところからも芽吹きます。剪定するのが遅れて、夏の暑い時期になってから強めの剪定をすると、枯れることがあります。夏の間はそのままにして、夏を越したころに剪定をします。

根元から2、3節あたり、葉を4〜6枚くらい残したところで切る。

ラベンダーの収穫は、心癒やされる仕事のひとつ。

伸びてしまった枝は、収穫をかねて剪定する。

冬の剪定

12月ごろ、寒くなる前に剪定をします。これは大株の場合、雪などで枝が折れたりするのを防ぐため。寒くなってから強すぎる剪定をすると、枯れてしまうことがあります。なお、極寒地では雪よけ対策が必要です。

春の剪定

3月、新芽が動き出したころに剪定をします。この時期の剪定が一番大事で、これを行わないと樹形が乱れ、株元の葉が蒸れて、枯れ上がります。切る場所は同じく、葉のついた節を2、3節を残したところで、やや強めの剪定でも大丈夫です。時期が遅れて4月ごろになってしまうと、花茎が小さくなることがあります。

年に3〜4回の剪定で、毎年美しい花を楽しめる。

挿し木で増やす →p.127

挿し木は、意外と簡単です。寒さが緩み、芽吹くころの3月が一番おすすめ。春の剪定をかねて挿し穂をとります。そのまま地面に挿すだけで発根するほど簡単ですが、1時間程度、水揚げしてから挿し木用の土に挿します（その後、土を乾かさないように水をやる）。暑さが遠のいた10月ごろに挿すと、冬の間は生育が遅く、根が出ないまま越冬することもあり、霜で枯れてしまうリスクもありますが、翌年から花をよく咲かせる株になります。挿し木をして2年で大きな株に育ちます。

挿し穂にするときは、下の葉を落としてから水に浸ける。

根づきやすいので、水揚げの時間は比較的短くてよい。

収穫したらドライにして、部屋に飾っておくだけでも素敵。

いろいろな楽しみ方

ラベンダーは、見た目や香りを楽しむことが多く、花が咲ききらないうちにドライフラワーにして、部屋に飾ったり、アイピローやサシェ(p.117)にしたり、贈り物に添えたり(p.118)します。ラベンダーのハーブティーは、リラックスしたいときに。チャイ(p.52)やミルクティーに入れるのもおすすめ。クッキー(p.88)やパウンドケーキ、チョコレートなどに入れて。葉にはまた違った香りがあるので入浴剤(p.116)にしても。

材料（約20個分）

A ┃ 薄力粉 …… 60g
　┃ アーモンドプードル …… 30g
バター（食塩不使用）…… 60g
粉糖 …… 20g
塩 …… ひとつまみ
ラベンダー粉* …… 小さじ1
くるみ（細かく刻んだもの）…… 20g
B ┃ ラベンダー粉 …… 大さじ3
　┃ 粉糖 …… 大さじ4

＊ラベンダー粉は、ラベンダーの花をドライにし、ミルサーで粉状にしたもの。

つくり方

1　Aは合わせてふるう。バターは室温で柔らかくしておく。

2　ボウルにバターを入れ、泡立て器でクリーム状に練る。粉糖と塩を加えてよく混ぜる。

3　2にAの粉類を2回に分けて加え、その都度、ゴムべらでよく混ぜ合わせる。ラベンダー粉とくるみを加えて混ぜ、ひとまとめにしてラップでぴったりと包み、冷蔵庫で30分ほど休ませる。

4　3の生地を8gずつに分けて球状に丸め、オーブンシートを敷いた天板に間隔を空けて並べる。180℃のオーブンで18〜20分焼く。

5　焼き上がったら、温かいうちに混ぜ合わせたBをまぶす。

ラベンダーのブールドネージュ

ラベンダー粉と粉糖を合わせたものをたっぷりまぶして、香り高く仕上げます。

タイム
Thyme

> - 分類／常緑低木・耐寒性
> - 学名／*Thymus vulgaris*
> - 科名／シソ科
> - その他の呼び方／タチジャコウソウ
> - 草丈／15〜30cm
> - 増やし方／挿し木
>
> basic data

一年中収穫できて、育て方も簡単、生育も旺盛なタイムは、
肉、魚を問わず相性がよく、さまざまな料理に合うので、
キッチンハーブの中では、特に汎用性が高くて人気。
清涼感のあるクセのない香りで、料理を上品に仕上げます。
タイムには、直立する立ち性と這うように伸びるほふく性があり、
料理に使うのは、コモンタイムなど立ち性のもの。
乾燥しても香りが残るので、ドライハーブにしても。

栽培カレンダー

	1月	2月	3月	4月	5月	6月	7月	8月	9月	10月	11月	12月
苗の植えつけ		■	■ ベストシーズン	■	■				■	■		
収穫	■	■	■	■	■	■	■	■	■	■	■	■
剪定		■	■ 切り戻し	■	■	■ 切り戻し						
植え替え		■	■	■	■				■	■		
挿し木			■	■	■							

育て方のコツ

🌱 日当たりがよく、風通しのよい戸外で育てます。株元の風通しや日当たりが悪いと、中が蒸れて、枯れ込みます。暑さには弱く、夏の間、鉢の中が熱くなりすぎないように、鉢を2重にするのも効果的。水はけのよい土が向き、培養土に腐葉土かバーミキュライトを1〜2割混ぜても。土を乾かさないように水をやり、1か月に一度くらい追肥します。

🌱 苗は下の葉が黄色いもの、内側が枯れているものは避けます。根はあまり深くならないので、苗より1〜2回り大きければ浅めでもよいです。深い鉢の底に肥料を入れて植えつけても、効き目が届きません。

生育が旺盛なので、根元から収穫してもどんどん芽が出てくる。

収穫(切り戻し)のポイント

葉がある時期はいつでも収穫でき、切り戻しをかねて、葉を数枚残して根元から切ります。生育が旺盛で、枝がどんどん伸びてくるので、年に数回、全体に切り戻して、株の形を整えるとよいでしょう。中でも、新芽が動く前の2〜3月ごろに、葉を数枚株に残して、比較的強い剪定をします。すると、株元から新しい芽が出てきて、新芽の先に花芽ができます。花の終わった後にも切り戻しをし、花の咲いた下の辺りを刈り込みます。

枝が伸びて、根元に葉がなくなってきたら、切り戻しのタイミング。

挿し木で増やす →p.127

木化した枝を5cm程度に切り、下葉を落として1時間くらい水揚げをしてから、挿し木用の土に挿します。根づきやすく、直接、培養土に挿してもつくことがあるくらいです。株分けするなら、伸びた枝を土に触れるように置き、上から土をかけるかUピンで押さえておくと、土に触れた枝から根が出てくるので(取り木)、それを使うとよいでしょう。

いろいろな楽しみ方

枝ごと煮込み料理に入れたり、ソースをつくるときに加えたり、蒸し焼きにするときに加えたりして、香りを移します。くせのない香りで使い道は万能なので、エルブ・ド・プロヴァンス(フランスのミックスハーブ/p.115)やブーケガルニ(煮込み料理に使う香草の束)には欠かせません。花が咲いた姿もかわいいので、花器に生けたり、ドライにして飾ったりしても。

立ち性のレモンタイム、シルバータイムなども料理に使える。

材料（4人分）

- 豚肉（シチュー用）…… 300g
- 塩 …… 小さじ½
- こしょう …… 少々
- A
  - にんじん・セロリ …… 各1本
  - 玉ねぎ …… 中1個
- B
  - とうもろこし（水煮・冷凍など）…… 150ml
  - 大豆（水煮）…… 1.5カップ
  - トマト水煮缶（ダイスカット）…… 1缶（400g）
  - タイム …… 3〜4枝
  - ローリエ …… 1〜2枚
- タイム、オレガノなどのドライハーブ（あれば）…… 小さじ⅓
- オリーブ油 …… 適量

つくり方

1. 豚肉は2cm角に切り、塩、こしょうをもみこむ。Aの野菜は1.5cmの角切りにする。
2. 鍋にオリーブ油小さじ2を熱し、豚肉を焼き色がつくまで炒め、いったん取り出す。鍋にオリーブ油少々を足し、Aを炒める。
3. 豚肉を戻し入れ、Bを加えて、水をひたひたになるくらいに注ぐ。煮立ったらふたをして、ときどき上下を返しながら弱火で15〜20分煮る。
4. ドライハーブを加え、塩（分量外）で味を調える。

ポークビーンズ煮込み

フレッシュタイムはお好みの量でも。ドライハーブは煮込みすぎないほうがおいしいです。

材料（2人分）
いさき……大1尾
塩……小さじ1½
A | タイム……4枝
  | ローズマリー……4枝
  | レモンスライス……6枚
ガーリックレモンソース
  | オリーブ油……¼カップ
  | 赤唐辛子（へたと種を除き、ちぎる）……1～2本
  | にんにく（みじん切り）……大1片分
  | レモン汁……½個分
  | 塩……小さじ½

つくり方
1　いさきはうろこと内臓を取り除いてよく洗い、表面と腹の中の水けをしっかり拭き取る。表面と腹の中に塩をふり、腹の中にAを詰める。

2　ガーリックレモンソースをつくる。フライパンにオリーブ油、赤唐辛子、にんにくを入れて火にかけ、にんにくが色づいたらレモン汁と塩を加えて火を強め、酸味を飛ばす。

3　1を魚焼きグリルで17～18分、または220℃のオーブンで15～20分焼く。器に盛り、2のソースを熱々にしてかける（飾りでローストしたハーブをのせる）。

いさきのハーブグリル
タイムとローズマリーの複合的なおいしさ。ハーブとレモンの香りで爽やかに。

> basic data
> ・分類／常緑低木、耐寒性
> ・学名／*Rosmarinus officinalis*
> ・科名／シソ科
> ・その他の呼び方／マンネンロウ、メイテツコウ
> ・草丈／10〜150cm
> ・増やし方／挿し木

タイムと同じく、直立する立ち性のものと
地面を這うように伸びるほふく性のものがあり
葉の形や香り、花の色や大きさ、開花の時期などはさまざま。
冬に花が咲く品種もあります。一年中、葉を収穫できる
ローズマリーは、野性味のある濃厚な香りで
料理に1〜2枝加えるだけで味が引き締まります。
煮込みからオーブン料理まで、洋食がぐっと本格的に。

栽培カレンダー

	1月	2月	3月	4月	5月	6月	7月	8月	9月	10月	11月	12月
苗の植えつけ			■■■■■■■■■■■■■■■■■■							■■■■■■		
収穫	━━
剪定				切り戻し		切り戻し				■■■■■■		
植え替え			■■■■■■■■■■■■							■■■■■■		
挿し木		ベストシーズン							■■■			

育て方のコツ

🌱 日当たりがよく、風通しのよいところ。腐葉土などの有機質を多く含んだ培養土でよいですが、過湿にならないように、バーミキュライトを1割くらい混ぜ、やや渇き気味にします。肥料はあまり多く与えず、春先に追肥する程度でよいです。

🌱 苗を選ぶときは、下葉が枯れ上がっているものは避けます。植え替えは、植木鉢の下から根が見えてきたころ、あるいは土の表面から根が見えたころに。1〜2回り大きな鉢に植え替えるか、大きくしたくないときは根を切り詰めます。

🌱 風通しが悪いと、ハダニやカイガラムシが発生する事があります。ついてしまった葉は取り除きます。

伸びてきた枝を枝元あたりからカット。

 ## 収穫（剪定）する

収穫は随時、行えます。株が小さいうちは若芽を摘んで摘芯し、形を整えていきます。育ってきたら、葉を数枚残したところで枝ごと切ります。風通しが悪くなると葉が黒くなり、枯れてくるので、混み合った部分をカット。7～9月の暑い時期は、一度に刈り込むと枯れる恐れがあるので、収穫は少量にとどめてください。

 ## 切り戻しをする

切り戻しは、春先の新芽が動く前と、5～6月の梅雨前ごろに、蒸れ防止のために行います。収穫と同じように、葉を数枚、枝に残したところで切ります。ただし、大きく育ったものを小さくしようといきなり強い剪定をすると、枯らしてしまうことがあります。

根づきやすいので、挿し木で増やすのは簡単。

 ## 挿し木で増やす → p.127

2～3月に行うのがベスト。硬く充実した枝を10cmほど切り、下の葉を数枚取り除いて挿し穂にし、1時間くらい水揚げします。挿し木用の土に挿すと、1か月くらいで発根するので、培養土に植え替えます。

挿し木用の肥料分のない清潔な土に挿すとよい。

 ## いろいろな楽しみ方

主に料理の香りづけに使います。豚のかたまり肉やにんじんなどをローストするときに一緒に焼いて。ローズマリー風味のフライドポテトに。トマト味の煮込みやパスタのソースに加えて。葉先の柔らかい部分をみじん切りにしてドレッシングに入れても。大量に収穫したら、煮出して入浴剤に（p.116）。ドライにして部屋に飾ったり（p.111）、贈り物に添えたり（p.118）しても。

フォカッチャ（p.101）に散らして焼くとおいしい。

ローズマリーポテト

ローズマリーとじゃがいもは最高の相性。ゆでたポテトをオーブンでカリッと焼きます。

材料（2〜3人分）
じゃがいも …… 3個
ローズマリー …… 1〜2枝
オリーブ油 …… 大さじ2〜3
粗塩 …… 適量

つくり方

1　じゃがいもは皮をむいてひと口大に切り、塩少々（材料外）を入れた熱湯で3〜4分、固めにゆでてざるに上げる。オーブン調理が可能なバットに広げ、オリーブ油をからめる。

2　200℃のオーブンで、**1**をバットごと入れて20分ほど焼く。焼き上がり5分前くらいに、ローズマリーの葉を散らして一緒に焼く。器に盛り、粗塩をふる。

材料（4人分）
- 骨つき鶏もも肉（ブツ切り）…… 800g
- 塩 …… 小さじ1½
- にんにく（つぶす）…… 3片
- ローズマリー …… 3〜4枝
- オリーブ油 …… 50ml
- トマト水煮缶（ホール）…… 2缶（800g）

つくり方

1. ボウルに鶏肉と塩、にんにくを入れてよくもみ込んでから、ちぎったローズマリーとオリーブ油も加えて軽くもみ、室温で1時間ほど漬け込む（冷蔵庫でひと晩おいてもよい）。トマトの水煮はピュレ状につぶしておく。

2. 厚手の鍋にオリーブ油大さじ2（分量外）と**1**のにんにくを入れ、にんにくが色づいたら、鶏肉の皮目を下にして入れ、香ばしく焼き色がつくまで焼く。

3. トマトの水煮、ボウルに残ったオイルとローズマリーを加える。煮立ったらふたをして、弱火で鶏肉が柔らかくなるまで40〜50分煮込む。

チキンのローズマリートマト煮込み

ローズマリーとオイルでマリネした鶏肉を、トマトだけで煮込んだシンプルな料理。

材料（つくりやすい分量）
強力粉 …… 200g
ドライイースト …… 小さじ1
砂糖 …… 小さじ2
塩 …… 小さじ2/3
オリーブ油 …… 大さじ1
ローズマリー …… 1枝
粗塩 …… 適量

つくり方
1. ボウルに強力粉を入れ、片隅にドライイーストと砂糖、反対の隅に塩とオリーブ油を入れる。ぬるま湯140mlをイーストの上に一気に注ぎ、手で大きく混ぜ合わせてまとめる。
2. 1をまな板に移し、両手で生地を向こう側に押して伸ばし、手前に折りたたむことを繰り返す。生地がなめらかになったら、生地を上から下に持っていくようにして丸くまとめ、下に集まった生地をつまんで閉じる。ボウルにオリーブ油（分量外）を薄く塗り、閉じ口を下にして入れ、厚手のビニール袋をかぶせ、暖かい場所で30〜40分ほど一次発酵させる。
3. 生地をげんこつで叩いてガス抜きをし、まな板に移して細長く伸ばし、包丁で半分に切る。コッペパン形になるよう、2と同様にまとめる。これをめん棒で厚さ1cm強の楕円形に伸ばし、オーブンシートを敷いた天板に間隔を空けて並べ、暖かい場所で30分ほど二次発酵させる。
4. 表面にオリーブ油（分量外）を刷毛で塗り、指で数か所を押して窪みをつくり、ちぎったローズマリーの葉と粗塩を散らす。180℃のオーブンで15分ほど焼く。

ローズマリーフォカッチャ

ローズマリーはフォカッチャのトッピングとして定番。オリーブ油と粗塩をたっぷりと。

> basic data
> - 分類／常緑高木、耐寒性
> - 学名／*Laurus nobilis*
> - 科名／クスノキ科
> - その他の呼び方／ローレル、ベイリーフ、ゲッケイジュ
> - 草丈／20cm〜10m
> - 増やし方／挿し木

目隠し用の庭木としても使われるほど大木になり、
月桂樹という名前でも知られています。
放っておいてもしっかり育って手間いらず、
剪定をかねて収穫した葉を乾燥しておけば
使いたいときにすぐに使えて便利です。
洋風のスープや煮込みに、とりあえず1枚。
使い方も簡単なので、ひと鉢あると重宝します。

栽培カレンダー

	1月	2月	3月	4月	5月	6月	7月	8月	9月	10月	11月	12月
苗の植えつけ			■	■					■	■		
収穫	■	■	■	■	■	■	■	■	■	■	■	■
剪定			切り戻し		切り戻し					切り戻し		
植え替え			ベストシーズン									
挿し木				ベストシーズン								

育て方のコツ

🌱 一日中、日が当たるところより、いくらか湿り気のあるところがよく、半日陰でも育ちます。水切れに注意すること。新芽が出てきたころ、肥料をやります。

🌱 苗は、虫などのついていないものを選びます。カイガラムシがつくと、すす病になりやすいです。小さい鉢だとすぐに水枯れしてしまうので、5号以上の鉢に植えるとよいでしょう。植え替えは、寒さが少し和らいできて、根の動きが鈍い春先。これから萌芽、発根が始まる時期でもあります。

🌱 大きな木になる植物なので育ちは速く、放っておくと10mくらいの大木になってしまいます。

自分で育てると、無農薬の安心・安全なものを使える。

収穫（剪定）する

剪定をかねて収穫し、樹形を見て、伸びすぎたところを枝ごと切ります。葉は生で使ってもよいですが、乾燥させると香りが増します。若い葉より緑の濃い葉のほうが香りは高いです。大木になったら、どこで切ってもほとんど問題ありません。

黄緑色の柔らかい若芽。収穫するのは生長した濃い緑の葉を。

切り戻しをする

暑い時期に強い剪定を行うと枯れてしまうことがあります。年2～3回程度を目安に、3月ごろの新芽が出る前と、5～6月ごろの新芽の色が濃くなる時期に切り戻し、10月ごろに形を整えます。

挿し木にする → p.127

新芽が動き始める直前の3月ごろがベスト。10cmくらいの長さに枝を切って、葉を2、3枚残して水に挿します。枝元から出る短いひこばえは生育力が強いので、あればこれを根元から切って使うとよいでしょう。ひこばえからすでに根が出ていたら、それを使うとさらに生長が速いです。1時間くらい水揚げしたら、挿し木用の土に挿し、直射日光を避けた場所で、乾燥しないように育てます。

いろいろな楽しみ方

ポトフ（p.107）やロールキャベツ、スープなどの煮込み料理には欠かせない、洋風料理のベースの風味となるハーブ。煮込みに入れる場合は、生の葉よりもドライにした葉のほうが風味と香りが強く、1枚でも十分な効果があります。大量に収穫したときは、生の葉を使って、肉や魚とローリエを串焼きにしたブロシェット（p.105）に。なじみのあるハーブなので、ドライにしてプレゼントしても喜ばれます。

大量に収穫したローリエを枝ごと贅沢に使った料理。

材料（4～6人分）

- めかじき …… 4切れ
- ズッキーニ …… 1～2本
- パプリカ（赤、黄、オレンジ）…… 各1個
- 紫玉ねぎ …… 2個
- ローリエ（生）…… 約24枚
- A
  - オリーブ油 …… 大さじ2～3
  - 塩 …… 小さじ1～1½
  - タイム、オレガノなどのドライハーブ（あれば）
    …… 小さじ1½
  - にんにく（つぶす）…… 大1片
  - レモン汁 …… 小さじ1
  - 一味唐辛子・粗びき黒こしょう …… 各適量
- オリーブ油・塩・レモン …… 各適量

つくり方

1　めかじきは3cm角程度に切り、バットでAと合わせて20分以上おくか、できれば保存袋に入れてひと晩おく。

2　ズッキーニは厚さ1.5cmの輪切りに、パプリカは4×2cm程度に切り、紫玉ねぎは2cm厚さのくし形切りにする。

3　めかじきをローリエで挟むようにして、金串にすべての具材をバランスよく刺す。刷毛で野菜の表面にオリーブ油をたっぷりと塗る。

4　220℃のオーブンで12～15分焼く。* 塩をふり、レモンをしぼって食べる。

*ローリエが大量に収穫できるなら、ローリエの枝を敷いた上にブロシェットをのせて焼くと、燻製のような風味が出ておいしい。

めかじきとローリエのブロシェット

ローリエでめかじきを挟んで、香りを移します。食べるときは串から出して盛りつけて。

材料（直径18cmのパイ皿2台分）
- 牛ひき肉 …… 250g
- にんにく（みじん切り）…… ½片分
- 玉ねぎ（みじん切り）…… 1個分
- トマトペースト …… 大さじ1
- ナツメグ …… 少々
- 卵 …… 1個
- パセリ（みじん切り）…… 大さじ2
- ピザ用チーズ …… ½カップ
- パイ生地（市販のもの）…… 2シート*
- ローリエ（生）…… 1～2枝
- 野菜スープ（スープの素を湯で溶き、粗熱をとる）…… 60ml
- 生クリーム …… 50ml
- 塩 …… 小さじ½
- 粗びき黒こしょう …… 小さじ⅓
- オリーブ油 …… 大さじ1

つくり方
1. フライパンにオリーブ油を熱してひき肉を炒め、色が変わったら取り出す。フライパンを再度熱し、にんにくと玉ねぎを炒め、しんなりしたらトマトペーストとナツメグを加え、ひき肉を戻し入れて炒める。
2. ボウルに卵を溶きほぐし、スープと生クリームを加える。粗熱をとった**1**、パセリ、チーズ、塩、こしょうを混ぜる。
3. パイ生地を、パイ皿に合う大きさに薄く伸ばして敷き、生地の上に耐熱皿などをのせて軽く重石をし、190℃のオーブンで15分焼く。粗熱をとってから**2**を流し入れ、表面にローリエをのせて軽く押しつけ、190℃のオーブンで20～25分焼く。

*パイを1台分焼く場合は、パイシートを1枚にし、**2**のフィリングは半分冷凍する。

ミートパイ

ローリエは肉だねから浮くと焦げやすいので、埋め込むようにして押さえて焼きます。

材料（3〜4人分）

- 骨つき鶏もも肉（ブツ切り）…… 400g
- ソーセージ…… 3〜4本
- じゃがいも…… 2個
- にんじん…… 2本
- セロリ…… 1本
- 玉ねぎ…… 1個
- キャベツ…… 1/4個
- ミニトマト…… 8個
- ローリエ（生）…… 2〜3枚（ドライなら1枚）
- 塩…… 小さじ1½
- 粗びき黒こしょう…… 適量

つくり方

1 じゃがいもは2〜4等分に切り、にんじんは縦に半分に切ってから長さを2〜3等分に切る。セロリは3〜4cm長さに切る。玉ねぎは2cm厚さ、キャベツは3cm厚さのくし形切りにする。

2 厚手の鍋に水6カップと鶏肉を入れて火にかけ、煮立ったらアクを取り、弱火にして10分ほど煮る。1と半分に切ったソーセージ、ローリエ、塩を入れて火を強め、煮立ったら弱火にし、ふたをして30分ほど煮る。

3 ミニトマトを加えて5分ほど煮る。食べるときに黒こしょうをふり、好みでマスタード（材料外）を添えて食べる。

ポトフ

肉と野菜のだしが染みわたった塩味のスープを、ローリエの香りが優しくまとめます。

もっとハーブを楽しむ 1
フレッシュハーブを生ける

家で育てたハーブを、部屋に飾ってみましょう。
花店で買った花とはまた違う、自然な美しさがあり、
切り立てなので長もちするのもうれしいポイントです。

大きく生ける

トルコキキョウなどメインとなる花材は購入し、
これにさまざまなハーブを組み合わせました。
右ページの3つのポイントを押さえて、
あとは自由なスタイルで生けてみましょう。

グリーンだけ生ける

オレガノ、ミント、イタリアンパセリ、フェンネルといった料理に使う葉ものを無造作に生けて。丸めて水の中に入れたレモングラスがアクセント。枝の曲線を生かして広がりを出します。

一輪挿しに生ける

ラベンダーやイタリアンパセリなどのハーブの花を一輪挿しに生けました。花器の首元にタイムやオレガノ、レモンバームといった細かい葉ものをあしらい、全体のバランスをとります。

ミニブーケにする

手のひらにハーブを重ねていき、ラフに束ねたブーケなら簡単。手前の葉を、段になるように少し下にずらしてのせると、まとまりがよくなります。ラフィアでくるくると巻いてでき上がり。

こんもり生ける

ふんわりしたスモークツリーをベースに、フェンネル、ディル、タイム、イタリアンパセリの花など、繊細でボリュームのあるハーブを、ふんわりと丸くなるようにカップに挿します。

←大きく生けるときのポイント

1. **大きい枝ものから生ける**　まず枝ものや大きい花でベースをつくります。それを花留めにして、順々に繊細なハーブを入れます。
2. **水に浸かる葉は取り除く**　葉が水に浸かると腐りやすくなるのと、見た目にも美しくないので、下の葉は落とします。
3. **枝の自然な流れを生かす**　枝や茎が曲がっているのが、自然な植物の姿。この流れるような曲線を生かすと、自然な形に。

もっとハーブを楽しむ 2
ドライハーブを飾る
ドライにしたハーブは料理に使うのはもちろん、
壁に吊るしたり、容器に入れたりするだけで
インテリアのアクセントになります。

ドライにおすすめのハーブ

タイム
小さくて細かい葉はドライにしても変化が少なく、ラフに束ねたり、リースにしたりして飾ります。

ラベンダー
ドライフラワーの定番。花が咲いてからより、つぼみの状態でドライにするほうが色はきれいです。

ローリエ
束ねてキッチンに下げておけば、すぐに料理に使えて便利。大きな枝を豪快に吊してインテリアにしても。

ディル
種をドライにするのがかわいくておすすめ。同じような種をつけるフェンネルやコリアンダーでも。

ローズマリー
もともと硬くて乾き気味の葉なので、ドライになりやすい植物。リースの花材としても使います。

レモングラス
ススキと似ていますが、ドライにするとピンク色になるのが特徴。束ねて吊るしても、丸めてリースにしても。

ドライフラワーのつくり方
採ってきたハーブを少量ずつ束ねて、湿気のない室内に置き、なるべく短時間で乾燥させると色がきれいに出ます。室内環境や時期、ハーブの種類によって色の出方が異なるので、いろいろ試してみてください。意外なハーブがいい具合にドライになることもあります。

もっとハーブを楽しむ 3
ハーブティーをいれる

ドライハーブを使ったハーブティーミックスを
ご紹介します。この組み合わせは一例なので、
お好みのブレンドをいろいろと試してみて。

ハーブティーミックス　　チャイミックス

ハーブティーミックス

ミントとレモングラスの清涼感にカモミールの甘い香りを合わせた、バランスのとれた味わい。

　　カモミール　　　レモングラス　　　　ミント　　　　オレンジピール

材料とつくり方（つくりやすい分量）
カモミール15g、レモングラス6g、ミント5g、オレンジピール（またはレモンピール）10gを混ぜ合わせる。ラベンダーを加えてもおいしい。紅茶葉を加えてハーブ紅茶にしても。

ティーポットに、ハーブティーミックスをティースプーン2〜3杯入れ、カップ2〜3杯分の熱湯を注ぐ。2分ほど蒸らしてから注ぐ。

チャイミックス

ラベンダーとフェンネルシードを合わせ、まったりとした味わいのミルクティーに。

　　レモングラス　　　ラベンダー　　　フェンネルシード　　シナモンスティック

材料とつくり方（つくりやすい分量）
レモングラス10g、ラベンダー5g、フェンネルシード2g、シナモンスティック2本（半分に折る）を混ぜ合わせる。ジンジャー、クローブ、カルダモン、黒こしょうなどをお好みで加えても。

牛乳と紅茶葉を加えてチャイに。いれ方はp.52のミントとレモングラスのチャイ参照。スペアミントとレモングラスの代わりに、チャイミックスをティースプーン2〜3杯入れる。

もっとハーブを楽しむ 4
料理に使う(ハーブミックスをつくる)
複数のハーブを組み合わせるとより複雑な味わいに。
かけるだけ、入れるだけで味が決まる
香りづけのハーブミックスを紹介します。

ハーブソルト

ドライハーブミックス

ハーブソルト

フレッシュハーブと塩、スパイスを合わせてみじん切りにするだけ。その都度、使う分だけつくります。

材料とつくり方（つくりやすい分量）
タイムの葉3〜4枝分、ローズマリーの葉2〜3枝分、にんにく（スライス）1片分、粗塩小さじ1、一味唐辛子適量、黒こしょう適量をまな板の上で合わせ、みじん切りにする。

豚かたまり肉や鶏肉などを焼いただけのシンプルな料理にかけて食べるのが一番おいしい。かじきまぐろなどの魚のソテーでも。

ドライハーブミックス

フランスで「エルブ・ド・プロヴァンス」と呼ばれるハーブミックス。葉が収穫できない冬の時期にあると便利です。

材料とつくり方（つくりやすい分量）
タイム、オレガノ、ローズマリー、イタリアンパセリをドライにして、ミルサーやすりこ木、手で細かく砕く。これらを好みの分量ずつ混ぜ合わせる。

スープやミートソース、ポトフ、ロールキャベツなどを煮込むときに加えます。写真はキャベツとベーコンのシンプルなスープ。

もっとハーブを楽しむ 5
香りで癒やされる
大量に収穫したハーブは
入浴剤にして香りを楽しみましょう。
手浴や足浴でリラックスするのもおすすめ。

入浴剤をつくる

フレッシュな葉をそのまま浴槽に入れてもよいですが、葉くずが出てしまったり、少量だと香りが出なかったりすることも。ここでは煮出してつくる方法を紹介します。

材料とつくり方

1 好みのハーブ（ここではローズマリーとレモングラス）をたっぷり用意する。鍋に適量の湯を沸かし、ハーブを入れて数分煮出す。

2 香りが出て、色がついたら、葉をこして液を浴槽に入れる。手浴や足浴にはそのまま使う。

◎ボウルにハーブを入れ、熱湯をかけるだけでも香りが出るので、それを浴槽に入れてもよい。

入浴剤に向いているハーブ
・ローズマリー　　・レモンバーム
・レモングラス　　・カモミールの花
・ミント　　　　　（お茶パックに入れる）
・ラベンダーの葉

アイピローをつくる

小豆とラベンダーを組み合わせた、
簡単なアイピローです。
小豆は古くなったもので大丈夫です。

材料とつくり方

1 小豆100gに対してラベンダー（ドライ）を1/3〜1/2カップ程度混ぜる。

2 肌触りがよい布を用意し、22×8cmの長方形になるように袋状に縫う。1を入れて口を縫って閉じる。電子レンジで1分ほど加熱し、目の上や首の後ろにのせて温める。

サシェをつくる

ラベンダーを使ったサシェ（香り袋）を
つくってみましょう。
クローブには防虫効果があります。

材料とつくり方

1 ラベンダー1/2カップに対してクローブを10粒程度混ぜる。

2 オーガンジーやガーゼなどの素材の巾着（お茶パックでもよい）を用意し、1を入れる。衣装ケースや靴箱に入れて。

もっとハーブを楽しむ 6
贈り物に添える

ラッピングをするときに、ハーブを
ちょっと添えると、気のきいた贈り物に。
ドライになるハーブなら何でも使えます。

ローズマリーを使って

薄紙で包んだパンを、ラフィアなどのひもで
十文字に結び、ローズマリー数枝をのせて、
さらに上で結ぶ。ここでは、ローズマリー入りの
フォカッチャ（p.101）をラッピング。

ローリエを使って

ワインを白い紙で巻いてから、ローリエ1枚をのせ、
ラフィアでぐるぐると巻いて結ぶ。
ラフィアの代わりに、マスキングテープで
ローリエの葉1枚を貼ってもかわいい。

ラベンダーを使って

クッキーなどをセロファンの袋に入れて、
ラフィアで口を結ぶ。ラフィアの先に、
ラベンダーの花を1本ずつ結んで散らす。
ここでは、ラベンダーのブールドネージュ
（p.88）をラッピング。

レモングラスを使って

レモングラスの葉が余っていたら、
緩衝材に使っても。短く切ってドライにした
レモングラスを箱の中に入れて、
ビンなどを入れると、見た目も素敵で
香りもよいクッションに。

Chamomile
カモミール

Sage
セージ

Rosemary
ローズマリー

Lemon balm
レモンバーム

Coriander
コリアンダー

Fennel
フェンネル

HERB'S FLOWER

Oregano
オレガノ

ハーブの花いろいろ

ハーブは葉を使うことが多いですが
小さくてかわいらしい花を咲かせるので
花を愛でるのも楽しみのひとつです。

ハーブ栽培の基本
GROWING HERB

🌱 ハーブとは？

ハーブとは、香りのよい植物＝香草のこと。ヨーロッパ原産のものが多く、もともとは修道院の薬草園で栽培されていたものが広まりました。「香りがある」という意味では、実や根などのスパイスがハーブに含まれることもあります。料理に、美容や健康に、クラフトに、染料にとさまざまな利用法があるので、「私たちの暮らしに役立つ植物」と定義することも。いずれにしても明確な定義がなく、原産地も栽培法も収穫時期もそれぞれ異なる植物なので、ひとくくりにはできないのが事実です。ハーブは、雑草化するほど生育が旺盛で、こぼれ種で増えるものも多いので、初心者でも育てやすいのが魅力です。自分で栽培してみることで、植物と向き合う楽しさを知る──。その最初の一歩として、ハーブは特におすすめです。

🌱 ハーブの分類について

ハーブといっても、1年で枯れるものから常緑樹まで、さまざまな種類があります。分類を知り、生育スタイルを知っておくと、育てるときの参考になります。

草本類

一年草（二年草）
種をまいてから開花し、種ができ、枯れるまでの期間が一年以内のものをいう。＊主に秋まきの植物は暑さに弱く、翌夏には枯れ、春まきの植物は寒さに弱く、冬に枯れる。

多年草
種ができた後も枯れず、翌年も葉をつける植物のこと。冬は地上部が枯れるが地下部が生きて、春に芽が出るもの（宿根草）と、一年中緑があるものがある。

木本類

常緑低木
一年を通して、いつも緑の葉がある常緑樹の中で、草丈が1m未満のもの。通常、春に古い葉が落ちる。本書ではラベンダーとタイム、ローズマリー。

常緑高木
一年を通して、いつも緑の葉がある常緑樹の中で、草丈が4m以上になるもの。本書ではローリエのみ。

＊二年にわたるものを二年草という。栽培環境によって、二年草のものが、ある地域では夏や冬を越せずに一年草として扱われる場合も。イタリアンパセリは、暖冬の影響で冬越しできるようになり、二年草として扱われている。

🌱 土、苗、肥料の選び方

ハーブを育てるときに必要なものの選び方を紹介します。種から育てるのは収穫までに時間もかかり、品種によっては難しいので、最初は苗を買って育てるのをおすすめします。

土

基本的には、肥料なども配合された培養土（ハーブ用、野菜用など）で大丈夫です。培養土はメーカーによってブレンドがまちまちなので、いろいろ試してみましょう。

土選びのポイントは、水はけがよいか、悪いかです。湿った場所を好む植物は、保水性の高いものを使い、乾燥した場所を好む植物は、排水性の高いものを使います。自分でブレンドする場合、基本の配合は、赤玉土（中粒）6に対して、腐葉土4。赤玉土を多めにすると水もちがよく、腐葉土を多めにするとふかふかで水切れがよくなります。さらに、保水性・通気性・保肥性を高める場合は、バーミキュライト、ピートモスで調節します。バーミキュライトは無機質の鉱物で軽量、無菌なので挿し木や種まき用の土としても適しています。ピートモスは長年にわたり堆積したコケ類を主とした泥炭のこと。軽くて酸性の性質をもちます。

培養土　　赤玉土6：腐葉土4　　バーミキュライト　　ピートモス

苗

形がよく、葉の色がよいものを選びます。鉢から根が出すぎているもの、逆に根が鉢全体に張っていないものは避けます。虫がついていたり、食害されていたりしないかどうかを確かめます。

肥料

化学肥料と、有機肥料に分けられます。化学肥料は、すぐに効き目がある即効性のものと、効き目がゆっくりな緩効性のものがあり、生長期など、必要なときに効率よく使います。しかし、長く使っていると土が硬くなり、根の伸びが悪くなりがちです。

有機肥料は、ハーブの味や香りがよくなるといわれており、土をふかふかにする役目もあります。ゆっくり長く効きますが、虫やカビが出たり、においが気になったりすることも。油かすを主体とした発酵済みのものが使い勝手がよいです。安価で、比較的早く効く発酵鶏ふんや、上手に発酵できれば煮干し、だしがらも肥料になります。

化学肥料　　　　　　**有機肥料**

即効タイプ　緩効タイプ　　油かす　　鶏ふん

植えつける

🌱 まずは、買ってきた苗を鉢に植えつけます。
ポリポットの状態で長く放置せず、なるべく早めに鉢に植え替えましょう。

1 必要なものを用意する

苗、鉢、鉢底ネット、培養土、移植ごてを準備する。鉢は、植えつける植物の根の張り方によって、高さや大きさを考える。

2 ネットを敷く

鉢底ネットは底の穴が隠れる程度に切り、鉢の底の穴をふさぐ。ネットは土を流さないためと、虫を入れないため。

3 底に土を敷く

苗を鉢に入れたときに、ちょうどよい高さになるくらいに鉢底に土を敷く。

4 苗を入れる

苗を入れてみて、鉢のふちから2〜3cmくらい下がっている位置がベスト。

5 土を入れる

苗が傾かないように気をつけながら、周りの隙間に土を入れていく。

6 水をやる

鉢のふちと土の間に水が溜まり、鉢底からこぼれるくらいたっぷりと水をやる。

植え替える

🌱 鉢植えのハーブは徐々に根が張ってきて、鉢の中が根でいっぱいになってしまいます。鉢底から根が見えてきたら、鉢から取り出して根をほぐし、根が強いハーブはある程度カットしてから、ひと回り大きい鉢に植え替えましょう。イタリアンパセリ、カモミール、ディル、コリアンダーのように根が弱いハーブは、植え替えで根を傷めることがあるので、植え替えなくていいように最初から大きめの鉢に植えるか、根を崩さないようにそっと扱います。

古い土を落とし、新しい培養土で植える。

日々の世話

🌱 育てる環境について…

一番大切なのは、植物をよく観察して、快適な環境を探すこと。それには、原産地の気候が参考になります。ハーブの原産地は、夏は乾燥しているところが多く、高温多湿の日本とはだいぶ違うため、風通しに気をつけます。また、育てる場所によっても環境は違うので、置き場所の特徴を把握しましょう。

🌱 水やりについて…

基本的には、土の表面がうっすら乾いてきたらやります。植物は、水がなければ枯れてしまい、やりすぎると根が窒息し、腐って枯れてしまいます。植物をよく観察していると、おのずと水やりのタイミングと水の量がわかってきます。

🌱 害虫駆除について…

ハーブは食用にする場合が多いので、薬剤は使いません。風通しをよくしておくことで、ある程度、防ぐことはできます。長く観察していると、虫が出てくる時期がわかってくるので、その時だけ気をつけるか、虫が出る前に収穫を終えることも有効です。見つけたら、随時取り除きます。アブラムシは手袋をしてしごくように取り除きます。細かい虫は取るのが大変なので、ついた部分を切ってしまってもよいでしょう。

水は鉢底から出るくらいたっぷりと。

害虫は竹串や割りばしなどで取り除く。

収穫・摘芯について

🌱 ハーブは植えてすぐに収穫できるものが多く、葉がある間はずっと収穫ができます。収穫することは、ハーブを育てる上で一番楽しい作業です。どこをどう切るかにとらわれすぎず、好きなところを必要な分だけ収穫するくらいの気持ちでよいでしょう。

収穫の際に、ハーブによっては摘芯をかねることがあります。若い芽を切って芯を止めることで、わきから芽が出てきて枝数が増えるのです。その後も、節の上（葉が生えている上の茎の部分）を切っていくと、こんもりした形のいい株になります。わき芽が出ないハーブに関しては、茎を少し残した根元あたりを切ります。

摘芯をかねて収穫　バジル、青じそ、ミント、レモンバームなど

根元から切る　イタリアンパセリ、コリアンダー、レモングラスなど

剪定・切り戻しについて

🌱 剪定とは、摘芯や切り戻しを含め、必要のない枝や葉を切ることです。中でも切り戻しは、伸びすぎた枝や間延びした枝を切ることによって新しい枝を出し、株の再生を図ります。大きくなりすぎないように、コンパクトに育てる目的で行うことも。切ったところからどう芽が出てくるか、どう伸びていくかを思い描き、完成予想よりはやや小さめに切り戻します。株の先端から出る芽より、株元から出るほうが強い芽が出やすいです。ハーブによって、根元から切り戻すものと、葉を多少残すものがあります。

株元に葉がなくなって、枝が伸びきってしまったタイムとセージは、少しだけ葉を残して切り戻す。

増やし方① 種をまく

収穫した種をまいてみるのもおすすめ。
バジル、イタリアンパセリ、カモミール、ディル、コリアンダー、フェンネルは発芽しやすいです。ここでは最も簡単でスタンダードな方法を紹介します。

1 パックに穴を開ける

いちごパックなどプラスチック容器を2個用意する。パックのひとつに、きりなどで6〜8か所、底に小さな穴を開け、もうひとつのパックの上にのせる。

2 土を入れる

芽が出るために栄養分は必要なく、雑菌のいない清潔な土が向いている。バーミキュライトか挿し木用の土(p.127)を用意し、パックの7分目まで入れる。

3 種をまく

間を開けて均等に散らばるように、土の上に種を直まきする。基本的に、すべての種から芽が出るので、写真くらいの数があれば十分(写真はバジル)。

4 水を入れる

種が動かないように、下のパックに水を入れ、上のパックを静かにのせて水をゆっくり吸わせる。発芽するまでは、日の当たらない場所で、常にパックの底に水が溜まっている状態にする。

5 芽が出たら植え替える

芽が出たら、水はパックに溜めずに水を適宜やる。その後、芽が伸びてきたら、8〜9分目まで土を足す。種まき用の土は栄養分を含まないので、本葉が2〜4枚になってきたらそれぞれを培養土に植え替えて育てる。

増やし方②
挿し木にする

ハーブを増やす方法の中で、一番簡単にできるのが挿し木。バジル、青じそ、ミント、セージ、レモンバーム、ラベンダー、タイム、ローズマリー、ローリエが向いています。

1 下の葉を落とす

根元近くに生えている丈夫な枝を5〜10cmくらい切って、下の葉を落とす。葉が水に浸からない量の水をコップに用意する。

2 水に浸ける

1時間〜半日ほど水に挿し、十分に水揚げする。ハーブによっては、1〜2週間ほどおくと水の中で発根するので、その場合は、そのまま培養土に植え替えると定植する。

3 土に植える

水の中で発根しにくいハーブは、水揚げした後に、バーミキュライトと赤玉土（小粒）を半量ずつ混ぜた、雑菌がいない清潔な土に挿す。水切れしないように育て、発根して芽が動いたら、培養土に植え替える。

増やし方③
株分けする

根が張ってきて大きくなりすぎた株を分けて、個別に植え替える方法。根がついている茎を切り取って植える場合も指します。ミント、レモングラス、オレガノ、レモンバームなどが特に向いています。

1 土を落とす

鉢から株を出し、土を落として根をほぐす。古い根や切れた根は取り除きながら、根詰まりした株も、根気よくほぐして古い土を取り除く。

2 根を整理する

根が大きく張っていたら、切り詰めてなるべくコンパクトにすると、新しい根がたくさん出てくる。株分けできるハーブは強いので、根が少しでもついていれば大丈夫。

3 切って植える

はさみやスコップなどで株をいくつかに分け、それぞれを培養土に植え替える。ミントなどは、根茎から根が出た数節だけでも根づくほど。

栽培監修
高浜真理子
恵泉女学園短期大学園芸生活学科卒業。グリーンアドバイザーとして、特にハーブに関する専門知識をもつ。ハーブ教室「生活のスパイス」を主宰。栽培法から、料理やクラフトなど利用法も教える。東京の草苑保育専門学校で園芸の講師を務めるほか、テレビ、雑誌などで活躍。『育てておいしいまいにちハーブ』(NHK出版)、『はじめてのハーブ 手入れと育て方』(ナツメ社) などを監修。

レシピ制作
植松良枝
料理研究家。旬を大切にした季節感のある料理を提案。神奈川県伊勢原市に菜園をもち、野菜やハーブを育てることをライフワークにする。アジア、中東、ヨーロッパなどたびたび訪れる海外で、料理のインスピレーションを得ることも多い。著書に『おもてなしと持ちよりレシピ』(主婦の友社)、『ル・クルーゼでおいしいムダなしレシピ』(家の光協会) ほか。本書では、料理以外のハーブのレシピとスタイリングも担当。

デザイン	天野美保子
撮影	滝沢育絵
校正	兼子信子
編集	広谷綾子

撮影協力　生活の木　メディカルハーブガーデン　薬香草園
　　　　　ハーブショップYOU'樹

育てて楽しむ はじめてのハーブ

2015年2月1日　第1版発行
2021年6月1日　第13版発行
監　修　高浜真理子　植松良枝
発行者　関口 聡
発行所　一般社団法人　家の光協会
　　　　〒162-8448　東京都新宿区市谷船河原町11
　　　　TEL 03-3266-9029(販売)
　　　　　　03-3266-9028(編集)
　　　　振替　00150-1-4724
印刷・製本　凸版印刷株式会社

乱丁・落丁本はお取り替えいたします。
定価はカバーに表示してあります。
©IE-NO-HIKARI Association 2015　Printed in Japan
ISBN978-4-259-56461-2　C0061